黄花梨家具
鉴定与选购
从新手到行家

不需要长篇大论,只要你一看就懂

关 毅 著

文化发展出版社
Cultural Development Press

本书要点速查导读

行家

FOREWORD 前 言

　　黄花梨又名降香黄檀，学名降香黄檀木，也称海南黄檀木、海南黄花梨木。原产地为中国海南岛吊罗山尖峰岭低海拔的平原和丘陵地区，多生长在吊罗山海拔 100 米左右阳光充足的地方。因其成材缓慢、木质坚实、花纹漂亮，始终位列五大名木之一，现为国家二级保护植物。

　　花梨木有新、老之分。老花梨又称黄花梨，颜色由浅黄到紫赤，色彩鲜美，纹理清晰而有香味。明代比较考究的家具多为老花梨木制成。新花梨木色赤黄，纹理色彩较老花梨稍差。花梨木的这些特点，在制作器物时多被匠师们加以利用和发挥，一般采用通体光素，不加雕饰，从而突出了木质本身纹理的自然美，给人以文静、柔和的感觉。

　　黄花梨是明清硬木家具的主要用材，以心材呈黄褐色为好。明清时期考究的木器家具都选"黄花梨"制造，其纹理或隐或现，色泽不静不喧，被视作上乘佳品，备受明清匠人宠爱，特别是明清盛世的文人、士大夫之族对家具的审美情趣更使得这一时期的黄花梨家具卓尔不群，无论从艺术审美，还是人体工学的角度来看都赞不绝口，可称为世界家具艺术中的珍品。时至今日，在如今的中式家具市场上，黄花梨家具仍是主流品种。

黄花梨木生长成材需要成百上千年的时间，海南的黄花梨野生成材树基本灭绝，随着市场上黄花梨的材质越来越少，加上海南政府禁止砍伐黄花梨树木，因此，海南黄花梨的收藏价值和投资价值越来越高。近年来，喜爱黄花梨家具的人越来越多，黄花梨家具收藏爱好者队伍越来越庞大，黄花梨家具的收藏投资进入空前繁荣的阶段，但随之而来的黄花梨家具的造假问题也越来越严重，这给广大黄花梨收藏爱好者带来了极大的损失。

为了黄花梨家具收藏爱好者能够更加系统、直观地了解黄花梨家具收藏与鉴赏的相关知识，在今后的黄花梨家具收藏投资活动中

能够取得更好的收获，我们经过精心策划，编辑出版了《黄花梨家具鉴定与选购从新手到行家》一书。全书详细介绍了什么是黄花梨、黄花梨的分类和特征、黄花梨木材的辨别、黄花梨家具的起源和发展、黄花梨家具鉴赏、黄花梨家具的价值评判、黄花梨家具的投资技巧以及黄花梨家具的保养要点等知识。全书从历代黄花梨家具精品中精心筛选了数百幅精美的、有代表性的彩色图片，用数万优美的、简单实用的文字串联起来，以图文并茂的形式完美展现出来，全书资料翔实，内容丰富，是初学黄花梨家具收藏者的入门必备指南，也是已入门者的良师益友！

本书在编辑过程中，参考和借鉴了国内外黄花梨家具收藏与鉴赏方面的许多相关资料和成果，在本书即将付梓之际，特向各位先贤们表示诚挚的谢意！

目　录 CONTENTS

基础
入门

家具的辨伪高招 /72

淘宝
实战

基础入门

JICHU RUMEN

黄花梨家具在中国家具史上占有举足轻重的地位。黄花梨稳定的木性，丰富的纹理，使得黄花梨家具成为明式家具的代表，经典的代表。

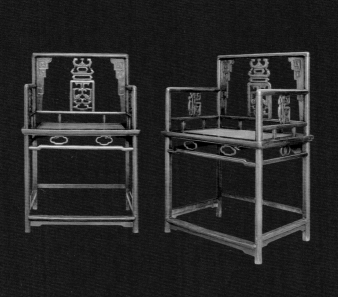

认识黄花梨

❈ 黄花梨的名称溯源

　　黄花梨这个名称尽管已经被人们使用很多年，但直到今天，它仍然只是一个不规范的名称。也就是说，它并不是植物学上的定义，只是一个"俗称"，属于约定俗成的一种。

明代·明式黄花梨四出头官帽椅

长65厘米，宽47厘米，高118厘米

　　"四出头"椅因椅子的扶手与搭脑出头，搭脑与古代官员帽子的展翅相似而得名。此件黄花梨官帽椅搭脑中成枕形，两端出头，素面靠背板，前后椅腿一木相连，三弯弧形的扶手流畅自然，下方支以三弯形圆材连棍，座面以独板黄花梨攒框而做，沿边起阳线，迎面腿足置步步高赶脚枨。此椅制作比例优美挺拔，线条简练流畅，"鬼脸"变化多端，隽永耐看，是一件标准的明式代表家具。

明代·黄花梨"气死猫"圆角柜
长81厘米，宽39厘米，高159厘米

　　圆角柜为老料新做，手工打磨，平顶，顶沿外抛，柜门及两侧上部是透空十字四瓣花纹，用攒斗的方法造成。门中部绦环板浮雕双龙纹。下半板心整材而成。柜门与柜框不用合页连接，而采用门轴形式，既转动灵活，又便于拆卸。正中有闩杆，底枨下嵌夹镂出云纹牙头的牙条，以双榫纳入底部。

明代·黄花梨玄纹笔筒
直径13.5厘米，高15.5厘米

　　有的学者认为，黄花梨应该叫"黄花黎"，因为我国出产黄花梨木的地方称黎山，当地的居民是黎族人。这些学者从植物学和地理学的角度出发，希望能将黄花梨从平凡的花梨木中分离出去，避免与为数众多的花梨类木材混为一谈。

　　在历史上，黄花梨有过很多名称，如：降压木、花狸、花榈、降香、花黎、香红、香枝、海南檀等，并在很长一段时期内与"花梨"相混称。

　　按照现代植物学的分类，花梨属紫檀属，而黄花梨则属黄檀属，二者可谓泾渭分明、互不相干。但由于二者外貌相仿、容易混淆，不得已，老一代人就把普通花梨称为新花梨，把黄花梨称为老花梨，加以区分。

　　1984年，对黄花梨来说也许是一个分界线。在1984年以前，人们一般把海南黄檀笼统地称为黄花梨。但海南黄檀又分为两种：一种心材较大，几乎占整个树径的五分之四，且多呈深褐色，边材多为黄褐色；另一种心材占其树径的比例较小，且多呈红褐至紫褐色，边材多为浅黄色。海南当地人把前者称为"花梨公"，把后者称为"花梨母"。1984年，专家对海南黄檀进行了重新分类，确定"花梨公"仍沿用海南黄檀的称谓，将"花梨母"命名为降香黄檀。

明代·黄花梨一腿三牙方桌
边长94.3厘米，高85厘米

2000 年 5 月，《红木国家标准》颁布实施，正式将降香黄檀定名为香枝木。从那时起，黄花梨便又成了香枝木的别称。

一直以来，对于黄花梨一词源于何时，众说纷纭，莫衷一是。较流行的说法有两种：一种认为是 20 世纪 30 年代，由著名学者梁思成等组建的中国营造学社在研究明、清家具时，为了将新、老花梨区别，便将老花梨冠之以"黄花梨"的称谓；另一种认为是由于民国时期大量的低档花梨进入市场，并被普遍使用，人们为了便于区别，才在老花梨之前加了"黄"字。从而使老花梨有了一个固定的名称——黄花梨。

实事求是地说，唐代陈藏器的《本草拾遗》、李珣的《海药本草》、明代王佐的《新增格古要论》，清代谷应泰的《博物要览》等著作里，都不曾有"黄花梨"一词出现。

在这些著作中，花梨与黄花梨是不分的。提到花梨，也只是笼统地说其出自南番、安南及海南。

但有关历史资料显示,"黄花梨"的出现,要比人们想象的早。据《大清德宗皇帝实录》记载:"(光绪二十四年九月)庆亲王奕劻等奏,吉地宝龛木植漆色,请旨,遵行得旨,着改用黄花梨木,本色罩漆。"

庆亲王奕劻上折的时间是光绪二十三年,也就是公元1897年,这是到目前为止所知道的关于"黄花梨木"在历史文献中出现得最早、最明确的记载,据此可知,"黄花梨"一词最迟在清末光绪年间就已出现,这显然要比上文所说的20世纪30年代早很多。

▒ 黄花梨的形态特征

海南黄花梨为亚热带半常绿乔木,高10～20米,最高可达25米,胸径可达80厘米,树冠伞形,分枝较低。奇数羽状复叶,总长15～26厘米,有小叶9～11片,多可达13片,椭圆形或卵形。圆锥花序腋生,长4～10厘米。每年换叶一次,12月开始落叶,翌年2～3月为无叶期,3月下旬至4月雨季到来时,叶、花同时抽出。花期4～6月,花乳白色或淡黄色。10～12月果实陆续成熟,荚果为扁平椭圆形,内含肾形种子。

清早期·黄花梨三弯腿长方凳（一对）
长64厘米，宽53厘米，高51.5厘米

❈ 黄花梨的木质特征

　　黄花梨木材的名贵程度高于紫檀木，其价格已高出紫檀木数十倍。黄花梨木的木性极为稳定，不管寒暑都不变形、不弯曲、不开裂，有一定的韧性，适合制作各种异形家具，如三弯腿，其弯曲度非常大，只有黄花梨木才能制作，其他木材较难胜任。

　　黄花梨木色金黄而温润，密度较小，可能比红木（酸枝木）还要小一些，放入水中呈半沉状态，也就是不全沉入水中也不全浮于水面。也有少数特别好的黄花梨木密度较大，能够沉在水底，不过价格也相当贵。

　　心材颜色较深，呈深褐色或红褐色，有犀角的质感。黄花梨木的纹理非常清晰，如行云流水，异常美丽。最特别的是，木纹中常见很多木疖，这些木疖亦很平整、不开裂，呈现出老人头、老人头毛发、狐狸头等纹理，非常美丽，即人们常说的"鬼脸儿"。新切面气味辛辣气浓郁，久则微香。

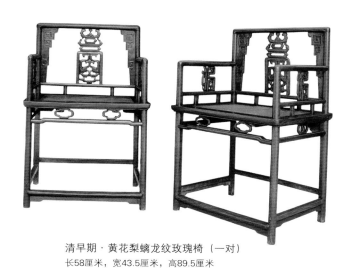

清早期·黄花梨螭龙纹玫瑰椅（一对）
长58厘米，宽43.5厘米，高89.5厘米

✿ 历代黄花梨综述

据唐代陈藏器《本草拾遗》记载："榈木出安南及南海，用作床几，似紫檀而色赤，性坚好。"明初期王佐增《格古要论》记载："花梨木出南潘广东，紫红色，与降真香相似，亦有香。其花有鬼面者可爱，花簇而色淡者低。"清人李调元的《南越笔记》卷七也记载了位于今越南的占城向明廷进贡花梨："占城，本古越裳氏界。洪武二年，其主阿答阿首遣其臣虎都蛮来朝贡，其物有乌木、苏木、花梨木等。"《南越笔记》卷十三又记载："花榈色紫红，微香。其文有若鬼面，亦类狸斑，又名花狸。老者文拳曲，嫩者文直。其节花圆晕如钱，大小相错者佳。还有一种与花梨木

清早期·黄花梨雕螭龙纹插屏式座屏风
宽132厘米，深78厘米，高215厘米

相似的木种，名'麝香木'。"据《诸番志》载："麝香木出占城、真腊，树老仆淹没于土而腐。以熟脱者为上。其气依稀似麝，故谓之麝香。若伐生木取之，则气劲儿恶，是为下品。泉人多以为器用，如花梨木之类。" 这个描述与黄花梨更为接近。《琼州志》云："花梨木产崖州、昌化、陵水。"从这些记载来看，黄花梨在广东、越南一带都有出产。

早在 14 世纪早期的宋代就已有黄花梨硬木家具的使用记录，但因为元末明初海运才有大型木料的运输能力，所以，明代才是硬木家具广泛使用的年代。尤其是受明代朱由校"宁做木匠不做皇帝"的影响，以及大量明代高官文人的附雅参与，使黄花梨成为明朝最受追崇的家具木材。当然这与黄花梨细密、易加工、颜色黄中透红、家具整体亮

清早期 · 黄花梨六柱架子床
长222厘米，宽151厘米，高218厘米

丽也有很大的关系。在这种情况下，黄花梨负载的文化内涵也是最厚重的，它的意义已经和现在的黄花梨一样，不仅仅是家具那么简单了。

明代黄花梨很少见到鬼脸，棕眼纹理比现在的海南黄花梨普遍粗大，纹理流畅且大都通长，水波纹多为暗纹，这种特点一直持续到清中期黄花梨家具上。清中期以后的黄花梨家具受到闭关和官方家具选材的影响，产量趋于减少，黄花梨料通过内陆水系和沿海运输基本满足，这期间黄花梨料多来自广东及海南岛地区，这种情形有历史记录并可以追溯。清中期后的黄花梨多黑筋和深条纹，鬼脸比较多，木质细腻，棕眼稀少，颜色呈咖啡或褐紫色，水波多为荧光纹，这些特点一直持续到今天。

新中国成立后，国家修复故宫，用料大多购于海南。改革开放以后，尤其是 20 世纪 90 年代后期，随着黄花梨文化的再度兴起，老挝、越南、缅甸一带的黄花梨也开始被大量使用，使得黄花梨木的数量日益减少。目前，黄花梨价格已经趋于历史高位，盛世收藏的热潮将黄花梨文化进一步升级。

❊ 海南黄花梨生长的气候条件和分布特点

海南黄花梨对土地的要求不严，在海拔 600 米以下的山脊、陡坡、干旱瘦瘠、岩石裸露的地区均能生存，所需土壤为赤红壤和褐色砖红壤等类型。但其对于成长环境要求比较高，需要全年温暖的气候和充足的阳光照射。据《中国树木志》记载，野生的海南黄花梨主要分布在海南岛南岛吊罗山海拔 100 米左右阳光充足的平原和丘陵地区，少量分布在海南昌化江以及南渡江一带，为海南独有的珍稀树种。现广西、广东和福建南部（如漳州、仙游）有引种。

其中，由于海南东部地区地势开阔、阳光充足、雨水充沛，使这一地区黄花梨生长得较快，因而材质相对稀疏，毛孔粗，花纹大；而西部山区，地势高，属于山林地域，这里的黄花梨生长较为缓慢，花纹细腻而丰富。

清早期 · 黄花梨高靠背灯挂椅
长52厘米，宽41.5厘米，高105.5厘米

清早期·黄花梨圈椅
长58.5厘米，宽45.5厘米，高97厘米

　　相对而言，海南黄花梨西部的比东部的好。油梨比黄梨密度好、价位高，黄梨比油梨重量轻、颜色浅。树头、树根比树干花纹要好，但树干的用处多、价位高。总体上，海南省的西部地区昌江市和东方市交界的霸王岭山系产出的黄花梨密度最好；东方市和乐东县交界的尖峰岭山系所产出的花梨木颜色最好；以东方市为中心的三个市县出产的黄花梨最为珍贵。

　　此外，花梨木也分布在一些东南亚国家、南美洲和非洲等地。海南黄花梨材质油韧细密、纹理绚美瑰丽，触摸起来温润如玉，而且具有治疗心血管疾病和降血压的药用价值。无论是材质还是纹理都被公认为是最好的，是我国二级保护植物，其价值也远高于其他地区的黄花梨。

❋ 海南黄花梨的生长周期特点

　　海南黄花梨的用途广泛，价值非常高，有"木黄金"之称。然而，黄花梨独特的生长环境以及漫长的生长周期，也导致了市场上黄花梨的日益稀少。黄花梨树形优美，分杈较多，枝叶婆娑，伸展面积大，但是其成长相对缓慢，这种成长过程主要指树木心材的生长周期。从幼苗生长开始，约15年后才开始结心材，20年树龄的树径17～20厘米，心材直径只有2～5厘米，野生黄花梨至少要经历100年才能成材。而成为制作家具的材料，则需要至少300～500年才有可能。而根据不同区域，还会有一些偏差，生长在南渡江流域的海南黄花梨17年树龄开始结心材，60年树龄的心材约30厘米；而生长在昌化江流域的海南黄花梨树60年树龄心材仅18厘米左右。

明末清初·黄花梨长方箱
长68厘米，宽45厘米，高30厘米
　　长方箱尺寸稍大，黄花梨材质。黄花梨从唐始，至明达到顶峰。至今上好材质几乎殆尽，而此箱体侧壁由整木而作，花纹富丽典雅，四角及面以黄铜为饰，更添稳重大方之势。

黄花梨的密度

　　黄花梨的密度如何？是和平常的木头一样能浮在水面上的吗？据实验研究，一般真正的黄花梨木有着像冰水混合物一样的密度，也就是说，我们把黄花梨木放在水中，就会发现黄花梨木会悬浮在水中，既不会下沉也不会像普通的木材那样漂浮在水的表面。不过也不乏少数特别好的黄花梨木密度较大，能够沉在水底，这种木材价格也是相当贵的。

黄花梨的用途

1. 木材用途

　　黄花梨质地细腻，呈黄褐色的色调，纹理或隐或现，有节疤的地方呈现出铜钱大小的圆晕形花纹，自然美观，香气持久。黄花梨木的工艺性能非常优越，缩胀率小，不容易变形，手感温润，坚固耐腐，是专做雕刻工艺品和贵重家具的上等材料。明、清两代的文人、士大夫之族对家具的审美

明末清初·花梨木瓜棱腿攒牙板小条桌
长102厘米，宽42厘米，高82厘米

　　小条桌以直线条为主，硬朗流畅，极为提神。桌面边缘素混面，四根腿足间均设刀牙板，内透挖鱼门洞作为主体装饰。直足立地，稳健高挑。花梨木的纹理漂亮清晰，色泽均匀，品味无穷。

情趣更使得这一时期的黄花梨家具卓尔不凡，无论从艺术审美，还是从人体工学的角度来看都令人赞不绝口，可以称得上是世界家具艺术中的珍品。明代考究的家具都首选黄花梨。清乾隆年间，黄花梨木源枯竭，民间多制作小件黄花梨器物，以黄花梨笔筒最负盛名。

明末清初·黄花梨插肩榫方腿平头案
长130厘米，宽40厘米，高83厘米

2.医疗用途

古籍中关于黄花梨医疗作用的记载为：可提炼供药用的降香，具有止血止痛、行气活血等功效，可治疗心胃气病、呕吐、冠心病，特别是对皮肤过敏者、高血压患者更是具有独特疗效。

如今，黄花梨被发现具有如下作用：显著改善微循环，促进微动脉收缩后的恢复及局部微循环的恢复；降低血脂、降低血浆黏度；抑制血栓形成、降低血压、防心脑血管疾病；镇痛、镇静。

3.黄花梨的神奇养生功效

海南黄花梨不仅木质优良，还具有很好的养生保健功效，《本草纲目》中对海南黄花梨有如下记载："海南黄花梨有舒筋活血、降血压、降血脂的作用。"用海南黄花梨木屑填充做成枕头有舒筋活血之功效。海南黄花梨木屑木粉，有一种神秘的降香味，可有效改善睡眠。

黄花梨的分类及特征

黄花梨分类的特征要素

　　黄花梨（即降香黄檀）在木材学家及植物学家的著作里只有一种，本不存在所谓分类问题，而在明清家具研究者及收藏家、木材商人的眼里，黄花梨却有很多种，从而也就有了黄花梨的分类课题。

　　著名收藏家张德祥先生认为黄花梨有黄檀型黄花梨、油香型黄花梨和降香型黄花梨三种。黄檀型黄花梨质细，色彩淡黄，色线纹理不明显，多见于较早期的明式家具；油香型黄花梨含油质较多，色暗、橙色中带黑红，色斑纹理多呈条状，光下有动感，呈"木变石"及"琥珀"般的透明感，这种木料极易同红木混淆，造型多偏晚，木质较轻；降香型黄花梨色土黄，有的呈条状木纹，细观其棕眼多呈八字形排列，

明末清初·明式黄花梨皇宫椅
高99厘米

明末清初 ·明式黄花梨亮格书柜（一对）

长85厘米，宽32厘米，高190厘米

　　柜体通身为黄花梨木所制，柜上三层亮格，三边透雕菱花围栏，中有两屉，柜格下两腿间有雕花牙条，两柜四门，浮雕梅兰竹菊图案。

明末清初·黄花梨亮格柜
长93厘米，宽48.5厘米，高174厘米

　　黄花梨木制，四面平式、亮格后背装板，三面卷口平条，柜门加闩杆，平池对开，圆形铜面叶上装有拉手，底枨装刀子牙板，通体线角浑方，无任何装饰压线，器态古雅清逸，比例绝佳，丝毫未经修正，年代悠久，很是难得。

似鱼肉纹，质量较重，常出现黑色髓线组成的斑纹，聚集处多呈鬼脸状，是黄花梨中最典型、最美观的一种，其用量也最大。

　　我国海南岛的黎族人，则将木材分为有心的与无心的两类，有心的称为"格木"，无心的称为"杂木"。黄花梨木的心材部分称为"格"，边材部分则称为"漫"。由此，黎族人也将黄花梨分为油格黄花梨和糠格黄花梨两种：油格黄花梨主要是指产自西部地区，心材颜色较深，密度大而油性强的黄花梨；糠格黄花梨主要是指产自东部或东北部地区，心材颜色较浅且油性稍差的黄花梨。也有人按黄花梨心材部分的颜色：黄（浅黄）；金黄（蜜黄、橘色）；浅褐色；红褐色；深褐色（近似于咖啡色）划分黄花梨的种类。更有人直接按海南岛的行政区划，将黄花梨划分为西部黄花梨和东部黄花梨。需要特别指出的是，目前，西部油性较强黄花梨价格已远远高于东部油性稍差的黄花梨；而由于明清时期的过度采伐，东部地区的黄花梨现已几近绝迹。

　　《GB/T18107-2000红木国家标准》除了对降香黄檀（即黄花梨）的产地、科属及中文、拉丁文学名做了规定外，也对其木材构造特征做了具体的描述与界定："降香黄檀 Dalbergia odorifera T. Chen 散孔材至半环孔材。生长轮颇明显。心材新切面紫红色或深红褐色，常带黑色条纹。管孔在肉眼下可见至明显，弦向直径最大 208μm，平均 114μm；数甚少至略少，2 ~ 12 个每平方毫米，轴向薄壁组织肉眼下可见。木纤维壁厚。木射线在放大镜下明显，波痕可见。射线组织同形单列（甚少）及多列（2 ~ 3 列，4 列偶见）。新切面辛辣气浓郁，久则微香；结构细；纹理斜或交错；气干密度 0.82 ~ 0.94g/cm^3。"遗憾的是，这一切都是从木材学家的专业角度进行描述的，一般人很难理解。

❖ 海南黄花梨的分类

1. 按照心材材色、大小分类

海南岛的黎族人称黄花梨的心材为"格"，根据成熟的黄花梨心材大小和材色，有油格、糠格之分。其中，油格心材部分大，呈深褐色；而糠格心材部分小，呈紫褐色或红褐色。

黄花梨万历柜（一对）

长101.5厘米，宽44厘米，高197.5厘米

标准明式万历柜样式，通体采用珍贵黄花梨制作，上部亮格有后背板，三面券口及栏杆都透雕寿字及螭纹。

明代·黄花梨花鸟纹笔筒
直径13厘米，高14厘米

明代·黄花梨镜架
长31.5厘米，宽31.5厘米，高25厘米

2. 按照海南黄花梨心材部分的颜色分类

海南黄花梨的心材是不断由边材转化而成的，按颜色深浅可以分为金黄、浅黄、橘黄、赤紫、红褐、深褐等若干种，通过颜色的不同也反映出木材的油性、气味、相对密度的不同。颜色深则油性大、降香气味浓、相对密度大，反之，颜色浅则油性小、降香气味稍淡、相对密度小。

3. 按照黄花梨的总体外观分类

大体上可分为浅色黄花梨和深色黄花梨两类：其中浅色黄花梨分量略轻，光泽较强，纹理清晰流畅，多见于北方；深色黄花梨光泽不如浅色黄花梨，重量较浅色黄花梨略重，油性较大，纹理没有浅色黄花梨清晰，多见于南方。

4. 按照在海南省的分布区域分类

可分为东部黄花梨和西部黄花梨两类。

东部黄花梨：油性较差，颜色较浅，分量稍轻，由于明清时期的过度采伐几近绝迹。

西部黄花梨：油性较强，油质感不会轻易减弱，价格远远高于东部的黄花梨。

黄花梨家具的起源和发展

❀ 黄花梨家具简介

在很长的一段时期内，人们对黄花梨家具的认识进入了误区，以为明式黄花梨家具大都是在明朝制作生产的。而事实上不是这样的，黄花梨家具生产的黄金时代是清前期至乾隆这一百多年，嘉庆以后就几乎不再生产了。明晚期嘉靖、万历两朝，宫廷家具均以漆器为主。华丽的漆制家具占领市场，黄花梨家具显然不是主流。而清式家具由宫廷形成后才进入民间，这需要一定的时间，与人们想象的有很大的差距。因此，不能仅以"明式""清式"来断定年代。其实，绝大部分古家具的断代都是由制作手法提炼成"符号"以后综合决定的，了解细微变化，对判定明式家具的年代颇为重要。

明末清初·黄花梨木方角柜
长76厘米，宽38厘米，高124厘米

四根方材柜腿以棕角榫与柜顶边框接合，柜门纹理粗犷，中央面叶与吊牌皆为黄铜制。方角柜硬挤门，未设柜膛，通体光素，仅在正面腿间牙板上铲地浮雕卷草纹，以作点缀，侧面牙板边缘起阳线。

清代·黄花梨圆后背交椅
宽69厘米，高98厘米

❋ "花梨"家具的起源及历史实际情况

　　要谈"花梨"文化，就必须要谈降真香，因为"降香花梨"的味道与降真香相似，所以"花梨"最早的用途是香道和药用，也是降真香最初的替代品。

　　降真香，古称番降，也叫鸡骨香，是藤类植物，香味很大并略带辛辣甜，燃烧起来油脂呈黑色或红色大量外溢，其枝叶与降香黄檀形状接近，但圆滑厚实。降真香木质香味如花似麝，新砍伐后截面犹如酿酒之香，久之，则醇化为降香味和花香融合的味道，细嚼品尝会感到味道苦中带麻。清代吴仪洛所撰《本草丛新》中记述为"烧之能降诸真"，故名"降真香"。降真香可入药，主治痈疽恶毒或刀伤止血。降真香被誉为诸香之首，古人对它的崇拜已超越了沉香，其价值更是十倍于沉香。

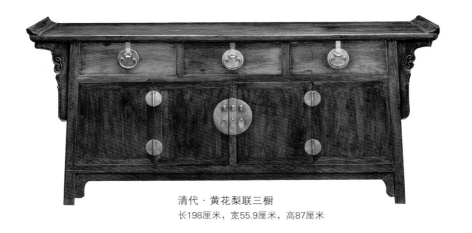

清代·黄花梨联三橱
长198厘米，宽55.9厘米，高87厘米

　　由于唐宋时期大量的采伐使用，降真香到明代中期已经濒临灭绝。到清代，降真香只有皇帝可以享用了，并大多是流传下来的古玩老件。相传光绪皇帝得了花柳病无药可救，最后御医用老降真香配药治愈。降真香内服是活血化瘀除疝神方，外敷是排脓消炎生肌良药，是中医植物中药之王。近年在中国海南保护区和缅甸南部山区陆续发现降真香活体植株。

　　明代后期，由于降真香大量减少，人们开始用带降真香味道的印度"花梨"来代替，这些印度"花梨"实际是东南亚南部沿海及印度一带出产的一类带香味的木头，都是郑和船队远洋舶回的，由于印度"花

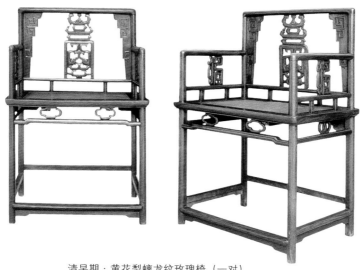

清早期 · 黄花梨螭龙纹玫瑰椅 （一对）
宽58厘米，深43.5厘米，高89.5厘米

梨"与降真香的药用价值和香味相差太远，不受民众喜爱，于是越来越多的印度"花梨"积储在江苏东山太仓港口。这一带的造船工祖辈都是做家具的能工巧匠，在他们的努力下，这些积储在港口的印度"花梨"原木被制作成了精美家具，并得到南京皇室的认可。由于纹理优美，很像中国传统的老梨树家具花纹，因而被称为"花梨"，于是"明代花梨家具"大量盛行，反过来也激发了大量海运花梨的势头，更多的花梨家具在几十年内流行大江南北，由于明代古都在北方，通过京杭大运河便利的运输条件，这些家具流行到了北方。到清中期，这些花梨消耗殆尽，也就是传说的"明代花梨清代用"，为区别后来的替代品，到光绪时期花梨家具开始出现了黄花梨的称谓，并一直延续到今天。

降真香在中国最后的产地是海南岛，今天在海南岛仍能发现降真香活体植株。海南降香黄檀（海南黄花梨）味道类似降真香，所以，开始是掺杂在降真香中使用的，后来随着海南降真香的日益减少，海南降香黄檀顶替了海南降真香。

由于海南降香黄檀油性十足、颜色深紫，略带辛辣甜的降香味比东南亚舶来的印度"花梨"更像降真香，所以，明朝后期到清早期使用的降真香更多是海南降香黄檀。清代中期，海南降香黄檀曾经用来修补旧花梨家具，但一直没有被大批应用，主要是因为海南降香黄檀量不足。新中国成立以后一直到20世纪90年代，海南当地好多人仍旧延续祖业以采集降香药材来谋生。

❋ 黄花梨家具的独特性

黄花梨家具代表明式家具，我们传统上也赋予了它明式家具的主体概念。黄花梨材质与其他材质不同的地方则是其从纹理、底色、韵味上将自然之美完全呈现，除此之外，黄花梨由于木质坚韧细腻、油性大、很容易形成完美的包浆，这也是其他木材所不具备的。

明代·黄花梨龙头衣架
长83.5厘米，高165厘米

此衣架为黄花梨木制，搭脑两端雕刻龙首，下透雕挂牙，衣架中部置两横枨，攒框透雕螭龙纹绦环板。底部间作花枨式，抱鼓墩座。雕饰繁简相宜，刚柔并济，工艺精巧，美观实用。

35

从郑和下西洋谈明代黄花梨家具和产地

从明朝永乐三年（1405）到宣德八年（1433）的近三十年里，郑和率队七次横渡太平洋和印度洋，遍访东南亚、西亚、南亚和东非等地区，同三十个国家和地区进行了广泛的物质及文化交流。这种交流使大量的外国工艺原材料、工艺技术、工艺品和工艺人才输入中国，对明朝各个经济领域产生了巨大的影响。其中从东南亚半岛、印度半岛带回的优质紫檀、黄花梨等木材，为早期明式硬木家具发展奠定了基础。

据文献实物资料看，明式家具产地有广州、苏州、扬州、徽州几个地区，其中苏州为明代家具生产最重要之地。

苏州东北不远就是当年郑和船队的港湾太仓，那里不仅是中国明代远洋船队大型船只的生产地，也是中国历史上细木家具著名的出产

明代·黄花梨顶箱柜（一对）
长142厘米，宽60厘米，高267厘米

明代·黄花梨福寿纹扶手椅（一对）
长75厘米，宽53厘米，高109厘米

之地，当地的榉木制家具是明代较早的细木家具，细木家具材质较硬，与后来的硬木家具接近。

我们知道，郑和船队用的大舵和桅杆多为铁力硬木，明代的船工早就掌握了硬木的加工技巧，木刨在船板的拼接中已经广泛使用。在当时，中国造船技术属于世界先进的技术，造船不仅需要专业人员，更需要大量的铁匠、木匠等，这些人员闲暇时间用海运回来的硬木制作家具销售，逐渐就形成了硬木家具的产业。明代家具，从主体到修饰均与船业有联系，如铁箍的应用就有相似之处，从家具的线条、结构到雕饰，乃至用漆披麻防水、鱼鳔胶、铁件、藤屉、铜饰等附属，都是造船技术在家具上的应用。

苏州水路四通八达，除自然河流水系众多以外、京杭大运河更是便利了南北运输。京杭大运河流经北京市通州区，天津北辰区、武清区，河北省沧州市，山东省德州市、泰安市、聊城市、枣庄市、济宁市，江苏省徐州市、淮安市、宿迁市、苏州市、扬州市、无锡市，浙江省嘉兴市、杭州市。

便利的运输、高超的技术使硬木家具迅速流行，明式家具也得到快速的发展。从地理位置上看，苏州距离明都城南京颇近，由于苏州风景幽和，文人墨客、达官贵人最愿意聚集于此，是当时文化交流的重地。在这些人的推动下，明式家具从制作到修饰逐渐成熟，文化的介入使明代家具的结构和修饰更艺术化。

成熟的技术在文化、市场双重推动下，代表高端和时尚产品的黄花梨家具迅速普及，从现在流传下来的明代黄花梨家具看，其数量在当时是巨大的。北京的明式黄花梨家具，除明清宫廷作坊在京制造的部分外，大多由南方漕运而来，这一点也能证明明代黄花梨数量的巨大。那这么多黄花梨是从哪里来的呢？那时候的陆地运输如此众多的黄花梨是没有可能的，只能利用当时发达的海运。

据《南京静海寺碑》记载："一、永乐三年，将领官军乘驾两千料海船，并八橹船……"那时候一艘船排水量达到 1200 吨，即便是现在看来，也是相当巨大的，其载运量是多么惊人。木船不同于铁船，出海不能空船，必须压仓才可出行。明代船只出海一般都是用瓷器压仓，回行捎带多是木头，在沉船的发掘中也能证明这一点。那么，这些船是从哪里拉回来那么多的黄花梨呢？

唐陈藏器在《本草拾遗》中说："花榈出安南及海南，用作床几，似紫檀而色赤，性坚好。"据《诸番志》载："麝香木出占城、真腊，树老仆淹没于土而腐。以熟脱者为上。其气依稀似麝，故谓之麝香。

明末清初 · 黄花梨绿端石面案屏
长48厘米，宽32.5厘米，高58.5厘米

此案屏以黄花梨攒框嵌绿端石为屏芯，底座雕以抱鼓作墩，两侧则雕镂优雅的站牙，石板纹饰若有万千气象，虚实有无，气韵皆臻。立柱间安以横枨，再以短柱分隔，嵌以海棠形开光绦环板。下端横枨接壸门式披水牙子，边缘起线。文房案屏存世量少，而案屏形制光素简练，造型典雅，置于书房案头，或有坐观清雅之致。

若伐生木取之，则气劲儿恶，是为下品。泉人多以为器用，如花梨木之类。"　明初王佑增订《格古要论》记载："花梨出南番广东，紫红色，与降真香相似，亦有香，其花有鬼面者可爱，花粗而淡者低。"明人顾芥所著《海槎余录》里提到："花梨木、鸡翅木、土苏木皆产于黎山中，取之必由黎人。"清人李调元的《南越笔记》卷七也记载位于今越南的占城向明廷进贡花梨："占城，本古越裳氏界。洪武二年，其主阿答阿首遣其臣虎都蛮来朝贡，其物有乌木、苏木、花梨木等。"《南越笔记》卷十三又记载："花桐色紫红，微香。其文有若鬼面，亦类狸斑，又名花狸。老者文拳曲，嫩者文直。其节花圆晕如钱，大小相错者佳。《琼州志》云，花梨木产崖州昌化陵水。"康熙时期的广东昌化知县陶元淳于康熙三十三年到琼州昌化县上任后，对于驻守海南岛地区的官丁，到黎族地区征采"花梨"而扰民一事，上书朝廷："崖营兵丁，或奉本官差遣，征收黎粮，贸易货物，一入黎村，辄勒索人夫，肩舆出入……每岁装运花梨，勒要牛车二三十辆。或遇重冈绝岭，花梨不能运出，则令黎人另采赔补。"从以上可以看出，黄花梨产地为广东、海南岛、越南南部的占城和真腊。

从文献记录上看，海南的产量很低，一年20～30牛车还不够郑和宝船一船底，且牛车也拉不了黄花梨大料，回来做大批的家具也不现实。越南真腊和占城等地也是黄花梨的产地，产量应该更大一些。

还有没有其他地方也产黄花梨呢？真腊和占城位置代表东南半岛南部，那么东南半岛沿海应该都有。印度半岛也有印度降香黄檀，这个也是上好的药材和黄花梨家具料，后来逐步减少被海南降香黄檀代替，当然还是主要用于药材。

由此可见，明朝黄花梨的家具料来源就很多了，南海诸国和印度沿海当时大概都有黄花梨的产地，而不是现在东南亚国家的北部料，这样一来，明代黄花梨家具用料和现在用黄花梨料还是有些地域差异的。在故宫博物院、观复博物馆、上海博物馆能看到各种不同品相的黄花梨就可以解释了，有些老的黄花梨化验后与海南黄花梨不一致也可以理解了。

鉴定技巧

JIANDING JIQIAO

鉴定技巧篇，笔者将和大家分享黄花梨木材的辨别知识以及家具的辨伪高招。火眼金睛，认清黄花梨中的李逵和李鬼；见招拆招，家具作伪，难逃法眼。

黄花梨木材的辨别

❈ 黄花梨的辨识要素

1. 纹理与颜色

行话一般讲黄花梨是"红木（即酸枝木）的纹理，花梨的底色"。酸枝木（主要指黑红酸枝）的条纹较深且宽窄不一，花梨的底色为黄、红褐色，但没有特别明显的条纹。若看不清楚，则可找一些清水泼在材料或家具上，若是黄花梨木，其颜色、纹理则会清晰地呈现在眼前。

2. 密度及手感

真正的黄花梨用手掂量会比较有分量感，手感温润如玉。真正的黄花梨成品不会有戗茬或阻手的感觉。海南岛东部的黄花梨除了颜色浅之外，油性稍差，分量也稍轻一点；而西部的黄花梨则油性很重，其油质感即使过了几百年也不会减弱。

清早期 · 黄花梨砚台盒
长20厘米，宽15厘米，高9厘米

明末清初·黄花梨大官皮箱
长37厘米，宽28.5厘米，高40厘米

此件官皮箱门板木纹美观，边角皆施以铜条包角，云头形拍子开口容纳纽头，门上饰圆形面页及吊牌，两侧装有弧形提环，设抽屉四具，面页、吊牌保存完好。此官皮箱形制规整，造型简练不加雕饰，结体严谨，精研厚重。此官皮箱体形硕大，门心板一木对剖，似孤峰独立，与文人审美情趣相近。

3.气味

黄花梨木材新锯开时有一股浓烈的辛香味，时间久了，特别是成了老家具，气味会转成微香，一般可闻出。若条件允许，可在不起眼的地方刮下一小片，如果能闻出香味，一般都是黄花梨（当然还有其他条件）。

4. 烟色及灰烬的颜色

用火烧黄花梨的木屑，其烟发黑且会直行上天，而灰烬则多为白色，燃烧时香味较浓。

清早期·黄花梨有束腰带双屉小炕桌
长91厘米，宽54厘米，高29厘米

▨ 黄花梨木质的辨识难点

1. 与红木不分

深色的黄花梨，若使用年头久远，且保存状态又不好，乍一看与红木很像。在这种情况下，因黄花梨木性较小，所以其具有变形率较小且体轻温和的特点。另外，由于黄花梨木不像红木那样脆，有很强的韧性，因此，木匠在施工中辨识黄花梨木和红木是很容易的。比如在刨刃口很薄的情况下，只有黄花梨木能出现类似弹簧外形一样长长的刨花，而红木只会出现碎如片状的刨屑。

2. 与草花梨不分

由于黄花梨木材断绝，草花梨作为补充而在晚清至民国时期出现于市场之上。草花梨在硬木中最为低档，其色呈土黄而无光泽，木质粗疏，棕眼过大，很容易与黄花梨区分。

3. 与新黄花梨木不分

新黄花梨的分量比老黄花梨木重，木纹含黑线过多且生硬，因此，很多木纹过于漂亮抢眼的反倒是新黄花梨木。

清早期·黄花梨独板联二橱

长82厘米，宽40.5厘米，高81厘米

黄花梨联二橱为案形结构，橱面攒框镶板，翘头向外翻卷。冰盘沿，无束腰。设上下抽屉两具，壶门光素，贴雕花券口，装铜制素面拍子、插销、拉环。饰光素牙子。腿间置两条横板，坚固实用。该联二橱，型体别致，端正朴实，浑润柔和，为典型明式风格。

清早期·黄花梨半盒
长28厘米，宽20厘米，高19厘米

❋ 花梨纹紫檀木与黄花梨的区别

由于黄花梨木与其他木材的特点
比较相近，因此容易混淆，最容易与
花梨纹紫檀混淆。花梨纹紫檀木主产
于海南岛和两广，有的书中称之为海
南紫檀，又因越南及周边国家也生长
有这种树，也有人称之为越南檀。

花梨纹紫檀木质坚重，放入水中
即沉水底，棕眼较小，呈牛毛纹状和
蟹爪状，打磨后木的表面如婴儿肌肤
般细嫩。材质比黄花梨优，木的色泽
比黄花梨木更深，呈橙红至深琥珀色，

明代·黄花梨带抽屉橱柜
长85厘米，宽56厘米，高87厘米

也有的因年代久远而失蜡呈灰褐色。木纹中也有鬼脸纹，但与黄花梨
木纹中的鬼脸纹微有差别，花梨纹紫檀木的鬼脸纹绝大多数呈圆形，
有的有嘴有眼，但少见有老人头、老人头毛发的纹理。另外，花梨纹
紫檀木锯断面有浓浓的蔷薇花梨味，也是很独特的。

再者，因花梨纹紫檀木生长在大陆，雨水不够充足，木心空洞比较多，正所谓"十檀九空（心）"，也是因为木心空洞的原因，所以，花梨纹紫檀木很少有大材。

另外，花梨纹紫檀木有一个很容易识别的特点，就是油质较重，用指甲轻轻一刮即起油痕。黄花梨木的木质虽然温润光亮，但没有这么重的油质感。以上几点是花梨纹紫檀木与黄花梨的区别。

✿ 花梨木和黄花梨的区别

其一，从本质上讲，花梨木和黄花梨是同种不同属的木材。据《国家红木标准》介绍，黄花梨，别名花梨母、香红木、降香木等，豆科植物蝶形花亚科黄檀属，为散孔材至半环孔材；生长轮明显，心材新

明代·花梨描金雕龙博古柜（一对）

长94.5厘米，宽37.5厘米，高191厘米

此柜以花梨木精作，背板、隔板均描金彩绘博古纹，四面开光，内绘花卉、八宝、福寿纹，博古格错落有致，牙板皆透雕卷草纹。下部双门对开，中设两屉，满工浅浮雕灵龙纹，雕工精湛，线条流畅，棱角分明，大气精致。

明代 · 黄花梨官帽椅
长57厘米，宽45厘米，高95厘米

切面呈深红褐色或紫红色，常带黑色条纹；木纤维壁厚，木射线在放大镜下明显，波痕可见；新切面辛辣气味浓郁，久则微香；结构细，纹理斜或交错；气干密度为 $0.82 \sim 0.94 \mathrm{g/cm}^3$。而《国家红木标准》则将花梨木定为豆科蝶形花亚科紫檀属，其木材结构至细，其心材材色红褐至紫红，常带深色条纹；含水率12%时，气干密度大于 $0.76 \mathrm{g/cm}^3$。

花梨木类树种丰富，如细分又可分为七种：安达曼紫檀、越柬紫檀、印度紫檀、刺猬紫檀、囊状紫檀、大果紫檀、鸟足紫檀。而气干密度未达到 $0.76 \mathrm{g/cm}^3$ 的花梨则被称为亚花梨，有菲律宾紫檀、安哥拉紫檀、非洲紫檀、安氏紫檀、变色紫檀等。

由此可见，花梨木与黄花梨木虽然同属豆科，但其属类有差异。花梨木属于紫檀属，黄花梨木属于黄檀属。况且，其木材的气干密度也有很大差异。

其二，花梨类木材有辛辣的芬香气味，黄花梨木则不仅气味柔和，且有药用价值。

现代科学研究表明，以黄花梨木中提炼出的精油，能刺激细胞再生与代谢，有利于对干燥肌肤的滋养，对皮肤具有优异的抗皱功能，能增强皮肤弹性和促进皮肤组织再生。该精油还具有杀虫、抗菌、缓解紧张情绪的功能。焚烧黄花梨木，能起到薰香的作用。比如，需要长期调养的老弱妇孺的卧房，身体虚弱者或老年人的卧室，都可通过焚烧黄花梨木达到日常调理的作用。

明代 · 花梨笔筒
直径15厘米，高16.5厘米

❋ 越南黄花梨木和海南黄花梨木的共性与差异

1. 越南黄花梨木和海南黄花梨木的共性

越南黄花梨木和海南花梨生长于地球的同一纬度，两者在我国的明朝时期一起携手将明式家具的辉煌推向了巅峰。如今，越南黄花梨木和海南花梨又携起手来，同时出现，再次献身于中国明式家具文化的弘扬。然而，在历史上被称为"花梨"的这两种木材不管是木材的颜色和纹理，还是表象，均有着十分相似的特征。但是，越南黄花梨木却没有海南黄花梨木生得那么尊贵，这是什么原因呢?

其实，在此提及的"越南黄花梨木"，指的只是越南南部自贡地区一带——越南与老挝接壤山区中诞生的花梨木，这种花梨木在如今的市场上，被人们称为"越南黄花梨木"或者"越南花梨木"。

越南在我国西南部，与我国的广西壮族自治区相邻。明代时期，越南北部与中国广西所接壤之地被人们叫作交趾、安南。实际上，越南与我国之间的渊源极深，它曾经是我国封建统治时期的藩属国。所

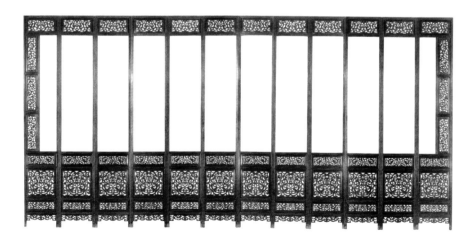

清早期·黄花梨螭龙纹十二扇围屏
宽710厘米，高305厘米

以说，历史上在越南地区出产的不少土特产长时间通过贡品方式输入中原。出产于安南、交趾地区的花梨木，在中国明代时也是主要贡品之一。

明《博物要览》中这样记载："……花梨木出交趾。"

具体而言，越南黄花梨木当然是大自然赐予人类的一种著名木材，同时，越南黄花梨木为中国明式家具的灿烂做出了极大的贡献。如今，人们从中国明代和清代时期流传下来的明式、清式黄花梨木家具中能够看出，有不少家具的制作材料为产于越南地区的花梨木。19世纪末和20世纪初，在广东地区、北京城及其周边地区，均可以看到很多家具，它们就是采用产自越南南部自贡山区和老挝地区被人们称为"越南黄花梨木"的木材制作而成的。

如果从品质上划分，产于越南的花梨木大致分两种：一种木质较粗，纹理简单，大多数是山水纹，产量大，品质差，专业人士常常将其称为"草花梨"；另一种木质较为细腻，花纹丰富，产量少，品质高。前者较为普通，大量被人们用于制作上漆的家具，而后者较为珍贵。然而，它们在植物属性中并无本质

明末清初·黄花梨四出头官帽椅
长49.5厘米，宽59.5厘米，高111厘米

此黄花梨官帽椅代表四出头官帽椅的基本式样，搭脑中间成枕形，两端出头，宽厚光素的三弯靠背板，弯弧有力，嵌入搭脑与椅盘之间。后腿上截出榫纳入搭脑，前鹅脖与腿足亦是相似做法，一木连做。扶手呈三弯弧形，圆材联帮棍安在扶手正中下面，下端与椅盘相接。椅盘格角攒边置屉，座面下三面安光素的直券口牙子，沿边起阳线。腿足间置步步高赶脚枨。

明晚期 · 黄花梨六方形南官帽椅（一对）
座面长73厘米，宽54厘米，座高49厘米，通高91厘米

　　此椅六足，是南官帽椅中的变体。座面以上，搭脑、扶手、腿足上截和联帮棍都做出瓜棱式线脚。座面以下，腿足外面起瓜棱线，另外三面是平的。座面边抹用双混面压边线，管脚枨用劈料做，都是为了取得视觉上的一致。靠背板三段攒框打槽装板，边框也做出双混面。下段为云纹亮脚，中段装板，上段透雕云纹，故意将花纹压低，而使火焰似的长尖向上伸展，犀利有力。

上的区别，人们根据现代植物分类学将其归为豆科类、蝶形花科的黄檀属。那么，是什么造成了两者的品质上出现了差异呢？可能是因为环境、气候、土壤差异所影响导致的，正所谓"淮南为橘，淮北为枳"。

　　在我国国内，不管是在研究中国古典家具的书籍中，还是在研究植物学的书籍中，均没有找到介绍越南产花梨该种植物的有关内容。市场上关于越南黄花梨木的资料不够，无法更深层次、系统性、仔细地研究和分析该种类植物和木材。所以，下面凡是对越南产花梨木和海南产花梨木比对中所引用的，均为常年从事买卖越南产花梨木和海南产花梨木的木材商和采用越南产花梨木和海南产花梨木生产制作家具的生产厂家，通过比对两种木材的直观特征和相互差异所得出的一些宝贵经验。在制作明清家具所用的硬木类中，越南产黄花梨木除了无法与产自海南岛的花梨木相媲美外，也是具有卓越品质的木材。在花梨木的木材种类中仍为"佼佼者"，而产于其他产地的花梨木根本无法与之相比。不夸张地说，越南黄花梨木和海南黄花梨木如同木材中的同胞"姐妹"，两者有不少相似的地方。

明代 · 黄花梨底座
直径15厘米

明代 · 黄花梨雕花半圆桌（一套）

第一，越南黄花梨木和海南黄花梨木的木材里所含的植物油都非常丰富。

第二，越南黄花梨木和海南黄花梨木的木材都有一样的颜色：褐红、金黄、黄、橘红、橘黄、黄白等。

第三，越南黄花梨木和海南黄花梨木在木材纹理特征上十分相似，

清代 · 黄花梨箭腿半桌
长93厘米，宽49.8厘米，高82.5厘米

二者都有典型、特殊的纹理，比如"烟雨纹""山水纹""鬼脸纹""狸猫纹"和"竹丝纹"。在中国古典明清家具的制作材料当中，现在已很难找到如同这两种木材纹理这么相近的硬木了。

第四，越南黄花梨木和海南黄花梨木的木质都非常细腻和坚韧，在木性方面也是其他产地花梨木无法比拟的。

第五，越南黄花梨木和海南黄花梨木都有木香味，且香味十分接近。但是，只有亲身体验才可以感受到二者的具体差别，用文字无法简单表述。

越南黄花梨木和海南黄花梨木极为相似，用局外人的眼光来看，的确没有大的差异，若不将其放在一起比较且给予附加说明，一般人很难准确地辨别出来。早在 20 世纪 80 年代，就曾经有人把越南产黄花梨木运至中国的海南岛充当海南黄花梨木来进行买卖，其实现在还存在着这种现象。如果把部分越南黄花梨木掺进海南黄花梨木中，则可以骗过一般人的眼睛，即便是常年买卖、接触海南黄花梨木且对这两种木材有所了解的人，有时也会走眼。这就说明海南黄花梨木和部分高品质的越南黄花梨木是非常相似的。

然而，"相似"与"相同"还不能等同。

众所周知，高水平仿制出的绘画赝品与绘画真品有着十分相似的外表，差异方面微乎其微。而正是因为这种"非常微小"的品质差异，才使赝品与真品之间出现本质上的差别，因此也就有了价值上的悬殊。艺术，其实就是在这种十分微小的差异中渐渐成长起来且从中体现出不同的价值的。与此同时，人们也从所谓的微小差异中实施眼力和学力的较量，且于较量中将具有中国文化艺术鉴赏特色的"眼学"孕育出来。实际上，也正是从微小差异的辨别中，人们鉴赏眼力的水平高低得以检验，正是因为如此，才在艺术品古玩市场中出现了两大学问——"淘宝"和"鉴定"。

2. 越南黄花梨木和海南黄花梨木的差异

虽然越南黄花梨木和海南黄花梨木在木材颜色、木材气味、木材纹理特征和木材质感等不少方面有着相似的地方，但两者在不少方面还有差别。

（1）本质上的差别

越南黄花梨原称"东京黄檀"，这个名字来源于 18 世纪法国殖民越南时期。为了建造房屋及家具，当时法国的官员和天主教徒在当

明末清初 · 黄花梨无束腰攒罗锅枨条桌
长157.4厘米，宽70厘米，高82厘米

明末清初·黄花梨束腰马蹄腿炕桌
长97.2厘米，宽62.4厘米，高29厘米

地大量砍伐这种树木，并将
其命名为"东京黄檀"。有
的木材学家认为"越南黄花
梨"应归于豆科黄檀属酸枝
木类，也有的认为应归入黄
檀属香枝木类，但绝不能等
同于海南产降香黄檀（海南
黄花梨）。

　　（2）珍稀程度的差别

　　海南黄花梨木具有卓越
的品质，它的产量极低，资
源有限，所以就显得非常珍
贵。而越南黄花梨木与海南
黄花梨木相比，产量较大，

明末清初·黄花梨圆裹腿长条桌
长185厘米，宽57.2厘米，高88.5厘米

并且老料、长料、宽料、大料、直料，尤其是宽40厘米～60厘米、长
度2米～4米的木料是常见的。而如此规格的海南黄花梨木早已没了踪
影，现在有的只是小料、新料、短料和弯曲料。越南黄花梨木也生长
于老挝，且比越南的储藏量还要大。

（3）品牌上和心理上的差别

根据史料记载，产自于海南岛的花梨木，是最早被引入中原的一种热带雨林木材，虽然当时它是作为香料被引入中原地区的。然而，到了明代，海南岛花梨木却从不少适合制作家具的木材当中脱颖而出，进而建立起其在明清乃至现代家具木材中牢固、威严的地位。因长时间以来对明清家具文化做出的贡献，其品牌早已印刻在了人们的心目中。海南黄花梨木留给人们的品质印记永远都是珍稀、高贵和卓越的。而越南黄花梨木在这一方面就逊色多了，应该说两者根本就不可相提并论。

（4）品质的差别

尽管说"物以稀为贵"，但是经典的奢侈品到了最后仍以"品质"来定天下。海南黄花梨木不管在木材质感、纹理方面，还是在木材性能、颜色方面，都优于越南黄花梨木。

1）质感上的差别

海南黄花梨木的质感是其精华之处，琥珀般剔透、玻璃釉般晶莹

明末清初·黄花梨霸王枨南官帽椅（一对）
宽56.5厘米，深44厘米，高107厘米

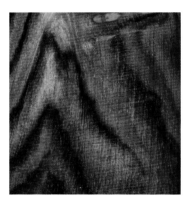

海南黄花梨纹理
图片提供：檀印

亮丽和如玉般圆润构筑了其精致的质感。在质感上，越南黄花梨木和海南黄花梨木最大的不同之处是，越南黄花梨木无论进行怎样的处理，都根本没有办法表现出琥珀般通透的视觉效果，在木质亮丽程度方面也远远比不上海南黄花梨木。且由木质圆润感所产生的亲和力也无法和海南黄花梨木相提并论。

实际上，造成这样的原因当然有不少，但海南黄花梨木里所内含的植物油特别丰富这一点是我们可以直接看到的。据制药厂提炼的结果显示，海南黄花梨木里的含油量比越南黄花梨木的还要高出30%以上。正是海南黄花梨木里含有丰富植物油的这一特性，才使得木材显得亮丽生辉、晶莹剔透和光泽圆润。而越南黄花梨木是没有这种效果的，可能是由于其木材内所含的植物油还没有达到这种效果所需的临界，因此在和海南黄花梨木比较的时候，就会显得不通透且干涩。

2）纹理的差别

海南黄花梨木的纹理不光极为丰富、动感强烈、变化无穷，在纹理上还层次分明，富有渐变、生动、细腻和文雅的特点，构建了其不朽的灵魂。其实，海南黄花梨木纹理的最大特色是，木纹各种不同的纹理图案皆由黑色、棕褐色、象牙白色、象牙黄色或多种不同的颜色共存而成，凭借着线的形式将木材的纹理图案构筑起来。而且所表现出来的木材纹理线，不管是图案与图案之间，还是线与线之间都十分清晰和分明。即使为若隐若现的朦胧纹理，在图形间的渐变、过渡和层次方面也毫不含糊，显得非常自然。

相比于海南黄花梨木，越南黄花梨木的纹理则表现僵硬，木材纤维粗犷，动感不强、如麻丝状一般。且纹理缺乏层次感，表现朦胧且不清澈。木材纹理居多的是"山水纹"和"竹丝纹"，但也有"鬼脸纹""狸猫纹""烟雨纹"和"行云流水纹"，不过非常少见。越南黄花梨木木纹纹理图案的构成形式呈现出的是密点状和散点状，因构成纹理的黑点极不均匀地分布，所构成的纹理就缺乏生动感，也不够清晰，略带僵硬，缺乏层次和动感，无活灵活现之美感。

越南黄花梨纹理
图片提供：檀印

3）木材颜色的差别

海南黄花梨木的木材色底清澈、亮丽、干净，且非常稳定。除非将其放到室外进行暴晒，木材表面的颜色才会变白、变浅；如果将其放在室内，其花纹和颜色百年都不会产生变化。而越南黄花梨木纹理黑色密点不均匀地散布着，所以木材色底就比较混浊，好像有一层朦胧的表层。与此同时，其底色也会稍微呈现出轻浮感，没有沉稳性，并且常出现带有分散点状的黑色小霉点。最主要的是，黑色小霉点还会慢慢地增多、慢慢地扩散，到最后构成片状的黑斑（具体原因并不明确）。其实，这是较为常见的一种情况，一旦发生该种情况，家具就会黯然失色。若从木材颜色方面来讲，越南黄花梨木和海南黄花梨

明末清初·黄花梨高靠背南官帽椅
宽54厘米，深44厘米，高104厘米

清早期·黄花梨官皮箱
长31厘米，宽24厘米，高35厘米

此官皮箱采用黄花梨制作，全身光素，两侧板纹如行云流水，又如晕染开的中国水墨，自然天成。内设三层共五具抽屉，内板用铁力木装配。箱体正门两扇，箱盖与箱体扣合。

木的颜色都很多样化。深颜色有褐色、紫褐色和红褐色；浅颜色有黄色、浅黄色、泛白的黄色、橙红色、红黄色。而木材的颜色不管是浅色的还是深色的，其细微差别都具有一大共同的特点：越南产花梨木的颜色显得略有轻浮、烦躁、混浊感，不过，这种轻浮、烦躁的颜色随着家具使用时间的增加，会慢慢地稳定下来；而产自于海南岛的花梨木则在颜色方面就特别纯正，显得沉稳。

4）木性的差别

业内人士在充分地比较当今海南产的花梨木和越南产的花梨木后，得出这样的结论：产于海南的花梨木木性在稳定性方面要好于越南产花梨木。所谓"木性稳定"，实际指的是将制作完毕后的家具辗转移过赤道南或赤道北的地方进行安置，对其收缩或膨胀的结果进行仔细观察得出的结论。收缩或膨胀的系数越小，木材就越稳定；若情况相反，则表明木材稳定性欠佳。

人们经多次实验证明了这样一个问题：用同样的风干方法，采取一样的风干时间；或者是将其放入烘干房实施人工烘干，且采用相同的烘烤时间。用进行这样处理过的两种木材同时制成家具，且移往北方。一到了北方，以两种不一样木材制作而成的家具，在稳定性方面的差异即显露无遗了。用海南黄花梨木制作的家具回复力强，抗收缩性也强。

清早期·黄花梨书箱
长21厘米，宽38厘米，高24厘米
　　此件黄花梨书箱纹质美观，若行云流水。四角用铜页包裹，盖顶四角镶云纹饰件，正面花叶形面页，拍子作云头形，两侧面安提环。盒盖相交处起宽皮条线，既起到防固作用，又增加装饰性。

　　海南黄花梨木之所以具有极强的稳定性，可能是由于其内含丰富的植物油和具有独特的木纤维结构所致。海南黄花梨木具有形状为"人"字形或是相互扭转交错型的纤维结构。要知道，海南黄花梨木木材中所含的植物油十分丰富，使木纤维结构间隙一直处于饱和状态，因此其稳定性和韧性都非常强。而越南黄花梨木的木纤维排列结构形状为直顺状，在植物油含量方面也要低于海南黄花梨木，所以相对于海南黄花梨木而言，其木质的稳定性就较欠缺。再者，海南黄花梨木的韧性强，而越南黄花梨木在这方面就比较弱。我们曾做过这样一个实验，各用像牙签一样大小的两种木材，通过简单的折断实验对其进行比对。海南黄花梨木用力掰很难被掰断，还会有"藕断丝连"的现象出现。而越南黄花梨木就显然比不上海南黄花梨木，由于其木质稍脆些，所以很容易掰断，且一旦被掰断就会分成了两段，也无"藕断丝连"现象出现。还有，在对这两种木材进行手工刨的时候，海南黄花梨木的刨花不易断，总是成条地飞出；而在对越南黄花梨木进行手工刨的时候，其刨花就不会成条，而是断成一小段一小段的。通过这种不同的现象，也可以正确地辨别两种不同的木材。

5）香味的差别

看起来简单的味觉比较，其实很难用文字来描述。离开了参照物，很难用文字做出形象的表述。所以说，用香味来区别越南黄花梨木和海南黄花梨木的方法对于从未接触过这两种木材的人而言，毫无现实意义。

越南黄花梨木和海南黄花梨木的木香味，均不是仅一种单纯的气味。总体而言，越南黄花梨木的木香味是一种淡淡的清香味，味中还带着轻微的酸味；而海南黄花梨木则为浓郁的辛辣香味，稍微还带有一些"劲头"感。然而，这两种木材的木香味，最起码都由十多种不同香型组成，这两种木材的木香味

清早期·黄花梨葵口形笔筒
高14.5厘米，直径14厘米

六角葵口镶底笔筒，黄花梨木制就。通体造型大气，内外包浆滋润，"鬼脸"木纹清晰可见，口起线，筒嵌底，底承三足，素雅大方。笔筒是文房中常见的品种，但六角葵口花纹形笔筒较少，且"葵"又与"魁"同音，寓意高中夺魁。

非常相近，只存在十分细小的差别。即使是常常与这两种木材进行接触的人，只是凭借着木材的气味去判断，根本无法做出准确的判断。两者的木香有一个共同的特点，那就是：木材颜色越浅，其香味就越清香；木材颜色越深，就越具有浓烈的味道。

从木材香味的角度来讲，不管是越南黄花梨木还是海南黄花梨木，一旦被做成了家具，且长时间放置以后，所散发出的木香味几乎相同。

（5）木材市场价格的差别

商品价格尽管决定于商品市场的供求关系，但是，也是商品品质的招示牌。现在，我们没有办法对越南黄花梨木和海南黄花梨木在历

史上不同时期准确的交易价格进行查证。但在如今，海南黄花梨木的市场交易价格要比越南黄花梨木的市场交易价格高出很多。

现以一块厚6厘米、宽26厘米、长260厘米的方料为例。在如今的市场上，该种规格的海南黄花梨木老料的市场价格为每斤万元以上，如果以吨为单位，每吨花梨木的价格则在千万元以上，且很难购到。同样是该种规格的越南黄花梨木老料，且具有最佳品相的，每吨价格大概是四五百万元。

如今，市场上长度约为100厘米、直径约为20厘米的海南黄花梨木老料，每斤的交易价超过了10000元；而这种规格的越南黄花梨木每斤的价格为两三千元。对于海南黄花梨木树根及不规则的小料而言，每斤的价格在1000元以上，而顶级的好料出现过每斤3万元人民币成交的记录。清《儋县志·政经志·土贡》中有这样的记载，清朝海南岛进贡花梨木的时候，其计量仍以"两"为单位（十六两为一"觔"）。上面所引用的木材市场价格，只限于2013年的市场价格，因为该价格不代表过去，当然更不代表将来。

清早期·黄花梨夹头榫画案
长139.5厘米，宽85.5厘米，高39.5厘米

夹头榫条案为明式家具中的经典范例。案面攒框装板，边抹呈毗卢帽形，下接光素刀牙板。四腿以夹头榫与腿足相交。两侧腿足间各装两根横枨，视觉效果清朗。整案纹理连贯自然，线条简洁明快，包浆莹润，体现了明式家具的简约之美。

清早期·黄花梨圈椅

长59厘米，宽45厘米，高97厘米

此椅弧形椅圈自搭脑伸向两侧，通过后边柱向前顺势而下形成扶手。背板稍向后弯曲，形成背倾角，颇具舒适感。四角立柱与腿一木连做，"S"形联帮棍连接椅圈与座面。席心座面，座面下装壶门券口，雕卷草纹。腿间步步高赶脚枨寓意步步高升。圈椅为常见椅式，由交椅演变而来，上半部还留有交椅的形式。最明显的特征是圈背连着扶手，从高到低一顺而下。背板都做成"S"形曲线，是根据人体脊椎骨的曲线制成的。

可以说，海南黄花梨木品质方面的高贵早已经深入人心，稍微了解海南岛花梨木的人，对其价格的昂贵都了解。如果由海南岛购买花梨木，运至内地，再加上相应的运费、利润以及考虑到价格的浮动，到了内地的花梨木在价格方面应该高于花梨木在海南本地的价格很多，如果是出价者开出的价格比产地价格低出不少，那么这些木材还会是真的海南黄花梨木吗？除非是将别的因素掺了进来，或者属于友情转让的半买半送，如若不然就没有可能性。

以上识别两种木材的方法，仅有效作用于原材料状态下的木材识别，而对成器后家具形态的木材识别就无法仅靠如此来辨别。

就中国的古典明清家具来讲，如果没有办法确定制作家具所用的材料，也就没有办法对家具的价值进行确定。不同品质和种类的木材，会构成价值不一样的家具，其实这一条早已成了对古典家具价值进行

清早期·黄花梨方形桌
边长82厘米

　　鼓腿膨牙式，肩部向外膨出，托腮肥厚，足底向内兜较多，并把马蹄做得接近圆球形。桌面光素，边抹及托腮均做线脚。

评估的定律之一。明清家具的价值既体现在工艺和造型方面，也体现在所用木材的珍贵稀有程度方面。这些珍贵稀有的木材，既成了家具的重要价值基础，也给家具增添了典雅、端庄和尊贵的艺术效果。不得不说，花梨木锻造出了明式家具的艺术辉煌，所以也将明式花梨木家具的价值基础构筑了起来，当然在这一点上人们也早已经有了定论。

3. 越南黄花梨木和海南黄花梨木家具的价格差异

　　"黄花梨木"并非某种植物出产木材的特有名称，然而该名称所代表的木材无论是在学术界还是收藏界，均被人们看作是海南黄花梨木的代名词，从而得到了市场广泛性的认同，且被约定俗成地一直沿用到了现在。然而，事实上，现在不管是在家具市场里，还是在古典明清家具拍卖会上，有不少是以"黄花梨木"制作而成的明清家具，这其中也有的家具是用越南黄花梨木制作而成的。这种现象并非极个别，而是十分普遍，且也没有因此影响家具的价格，这好像和前面提及的那条家具价值定律不相符合。这种情况的产生，究竟是因为人们到现在仍然没有办法辨别出明清时期制作的家具中哪些是用越南黄花梨木制

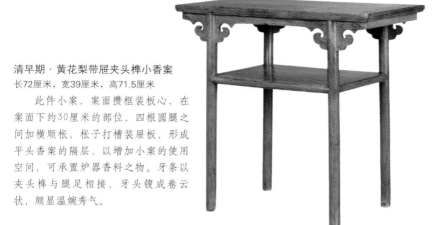

清早期·黄花梨带屉夹头榫小香案
长72厘米，宽39厘米，高71.5厘米

此件小案，案面攒框装板心，在案面下约30厘米的部位，四根圆腿之间加横顺枨，枨子打槽装屉板，形成平头香案的隔层，以增加小案的使用空间，可承置炉器香料之物。牙条以夹头榫与腿足相接，牙头镂成卷云状，颇显温婉秀气。

作而成的，哪些是以海南黄花梨木制作而成的，从而采用"黄花梨木"一词一笔带过呢？还是因为人们默认了明清时代用越南黄花梨木制作而成的家具和用海南黄花梨木制作而成的家具，其价值是相等的呢？如若不然，那摆在当今人们面前的问题，即为怎样识别明清时期的家具里，哪些是用越南黄花梨木制作而成的，哪些是用海南黄花梨木制作而成的。而这是对家具价值走向产生直接影响的根本性问题。

对成器家具制作所用的木材进行识别，尤其是对明清时期制作而成的家具进行识别，哪些是用越南黄花梨木制作而成的，哪些是用海南黄花梨木制作而成的，通常会碰到以下情况。

自明朝中晚期起一直到现在，各个时期都有用越南黄花梨木制作而成的和用海南黄花梨木制作而成的家具。而识别这些家具制作时所用的木材，将受到诸如鉴别字画和瓷器那样存在不可破坏性的局限以及木材因年代久远表面老化、使用环境不同、养护程度不同、制作工艺和方法不同，以及是否使用刻意作旧手段等很多不同因素的影响。

对家具材料进行识别时，主要还是从把握和区分两种木材十分细致的不同质感和纹理入手。然而，人们应看到：明清时期的家具，一方面，家具木材表面出现老化的现象，给观察木材纹理和质感增加了

清早期·黄花梨文具箱
长34厘米，宽23厘米，高21厘米

　　此箱黄花梨制，周身光素，唯以自然细腻的纹质和严谨的榫卯结体取胜。形制为一片前开门式，门框格角攒边装板心，板心镶入瓣形面页及拉手，其上方边抹装长方形面页及扣锁，铜件卧槽平镶，极为细致。设提梁，便于提携，另琢出卷云线脚。内置四屉，铜件皆保存完好。

　　难度；而另一方面，受制作时对家具木材打磨要求的局限，使得家具木材的表面表现清晰度不够，也会给木材纹理和质感的观察工作增加一定的困难。在这样的情况下，无论是对人们的经验，还是眼力，均为一大考验。

　　识别由越南黄花梨木或海南黄花梨木制作而成的家具，与以上所述的原材料区别方法如出一辙。海南黄花梨木特点：颜色沉穆纯净，色底纯正、干净；纹理自然生动，清晰且层次感强；质感亮丽通透、光泽圆润，给人一种透明的荧光感。

　　尽管说要领仅仅是简简单单的几句话，但是关键还需自己亲身去体验、经历，只有多对两种木材细微的差别进行仔细的观察，才能具有经验。不过需要注意的是，区分明清时期制作家具所用的木材，无论是辨别紫檀木，还是辨别越南黄花梨木和海南黄花梨木，至今也没有一套简单的方法。尽管如今的人们能够凭借着先进的科学显微仪器，检验和分析木材的切片细胞。但就现在来讲，检验整件家具的方法暂时是无法行得通的。这主要是由于现在木材检验单位，只负责家具局部取样的木材检验样品，要知道，局部的木样没有代替整体的可能性，它不可能对整件家具里的每一个构件取样进而去分析，这样做起来，不仅不经济，也不现实。与此同时，识别家具整体木材，即便是科学技术手段能够行得通，但也没有即时的操作性。现实更多的识别得凭借见识多广积累下来的丰富经验，其难度是需要重视的，完全不逊色于鉴定瓷器。

现在，越南除了自贡和与老挝边界接壤的山区产出上文提的越南黄花梨木外，越南其他地方产出的花梨木在品质上非常接近东南亚周边国家和地区产出的花梨木。这类花梨木，具有较粗的木纤维，木香也只有在锯木的时候才可以闻到，通常木材颜色有褐红和橙红，色基通常为灰色底，棕眼较大，没有油质感，业内人士通常称这种类型的花梨木为"草花梨木"。用这类花梨木制作家具，往往在油漆家具前，还需刮层泥子补平其木材表面较大的棕眼，所以人们通常不用这种类

清早期 · 黄花梨大书箱
长52厘米，宽20厘米，高29厘米

　　此件书箱黄花梨纹质细密优美，四角皆饰以卧槽平镶云纹包角，正面圆形面页，拍子作云头形开口容纳纽头，实用而具有装饰美感。盒盖相交处起线，起到加固防护作用。两侧安弧形提环。

清早期·黄花梨两撞提盒

长34.5厘米，宽13.5厘米，高20厘米

　　从文献和图画材料来看，提盒在宋代已经流行。用黄花梨等贵重木材制作的提盒，用来储藏玉石印章、小件文玩。此具提盒两撞，连同盒盖共三层。用长方框造成底座，两侧端设立柱，有站牙抵夹，上安横梁，构件相交处均镶嵌铜页加固。每层沿口皆起灯草线，意在加厚子口。盒盖两侧立墙正中打眼，用铜条贯穿，把盒盖固定在立柱之间，稳靠无虞。

型的花梨木来制作光素型的家具。这类花梨木分布广，且产量非常大，是市面上制作和生产普通花梨木家具用得最多的家具木材。

　　在前几年，越南实行改革开放，外汇不足，砍伐了不少的热带原始雨林，其中包括大量越南黄花梨木在内的木材出口或者走私输入我国。那时正值我国国内古典红木家具热潮兴起，所以现在市场上看到那些标着"黄花梨木"标签的高级仿明清式家具大部分是用越南黄花梨木生产的。而那些档次稍低的仿古典家具，在价格方面要比标着"黄花梨木"标签的家具稍微低一点，大部分是以缅甸、越南、泰国以及部分东南亚、南美洲和非洲国家出产的花梨木制作而成的。

　　我们不妨从中国古典家具价值基础的视角，进行更深层次的思索：如果是市场上被人们叫作"黄花梨木"的家具，是使用越南黄花梨木、海南黄花梨木、海南紫花梨木，或是别的产地纹理和色泽方面都近似于花梨木的木材制作而成，那么它们会有品质上的差别吗？它们在价值、价格方面，是不是该拥有一定的差别呢？

　　在如今的中国明清家具市场上，用不同品种木材制作而成的家具，在价格方面的差距是很大的。越南黄花梨木与海南岛产的花梨木，若木材规格相同，而价格则会相差三十倍还多。而用这两种不相同产地木材加工成的相同尺寸和造型的家具，其价格悬殊更大，如同明代的民窑瓷和官窑瓷一样。

　　明式花梨木家具蕴藏着丰富、独特的文化内涵，其价值也被现在的人们挖掘了出来。因此，人们也很快改变了原来的"明式花梨木家具为普通家庭用具"的传统观念。毋庸置疑的是，明式花梨木家具以其独一无二的艺术价值越来越得到了社会的认同，其市场价格提升之迅速和认同度之高的确令人震撼。然而，人们还必须有这样一种清楚的意识：明式花梨木家具所蕴藏的价值，仍然需要人们不停地去探索和挖掘。

清早期·黄花梨圈椅
宽59厘米，深45厘米，高98厘米

　　椅圈扶手五接，两端出头回转收尾圆转流畅。靠背板中央雕如意形纹。背板上端施以花牙，增加了装饰效果。后腿上截出榫纳入圈形弯弧扶手，穿过椅盘成为腿足。扶手与鹅脖间嵌入小角牙，扶手下联帮棍上细下粗。座面下安雕饰卷草纹的注膛肚券口牙子，曲线圆劲有力，琢卷草纹，草叶伸展至沿边阳线。左右两侧亦是注膛肚券口牙子。前腿施脚踏枨，左右两侧与后方则安方材混面步步高赶脚枨。脚踏与两侧枨子下各安素牙条。

家具的辨伪高招

※ 了解家具的制作工艺

　　用手工的方式制作家具，尤为重要的是做工和技艺。家具制造，在继承明清时期以来优质硬木家具的传统技艺基础上，随着时间的逐步推移，在工艺水平方面也有了不断提高，尤其是有不少优秀产品，工艺科学合理，做工精益求精。

1.木材干燥工艺

　　家具制造通常由用材的性质直接决定。花梨木、红木等木材与黄花梨、紫檀在木材质地方面存在着一定程度的差别，所以说，用材的加工处理当然就成了决定家具质量好坏的先决条件。有很多木材常含油质，加工成家具的部件就很容易出现"走性"现象，就算是在白坯

明末清初·黄花梨顶箱柜
长47.8厘米，宽25.2厘米，高95厘米

明末清初 · 黄花梨玫瑰椅
长56.8厘米，宽43.4厘米，高84.3厘米

工序完成后，也还会对髹饰造成一定的影响。在长时间的生产实践中，民间匠师们摸索出不少木材材质的处理方法，有很多经验是行之有效的。旧时，通常先把原木沉入水质清澈的水池中或者河中，浸泡数月甚至更长的时间后，等木材所含的油质慢慢地渗泄，之后再把浸泡过的原木拉上岸，待原木稍微干燥以后就将其锯成板材，然后放置于阴凉通风之处，任其渐渐地自然干燥。只有到了这个时候才可用其来配料制造家具。

像这种硬木用材的传统处理法，周期较长，如今已很少采用了，但是经过这样干燥处理后的木材，很少再有"反性"现象出现，其"伏性"强。用作镶平面的板材，不光需要注意木材纹理丝缕的选择，还需要经过一两年的自然干燥时间。民国时，有些硬木家具的面板开始采取一种"水沟槽"做法，也就是在面板入槽的四周与边抹相拼接的地方将一圈凹槽留出来的方法，这样就可以有效地避免面板因胀缩而出现开榫或者破裂的情况。

明末清初·黄花梨四出头官帽椅

长60厘米，宽45厘米，高102厘米

　　椅搭脑，两端出头，宽厚的三弯靠背板弯弧有力，嵌入搭脑与椅盘之间。后腿上截出榫纳入搭脑，前鹅脖与腿足亦是相似做法，皆是一木连做。扶手呈三弯弧形，圆材弯弧联帮棍安在扶手正中，下端与椅盘相接。椅盘格角攒边置软屉，座面下置壶门式券口牙子，券口牙子直延伸至踏脚枨，侧面装光素的"洼膛肚"券口牙子，同样做起线处理。椅腿之间装"步步高"管脚枨，出明榫，正面及两侧枨下又置光素牙板。在古时众多的家具中，官帽椅以高大、简约、线条流畅而著称。虽然它的椅面、腿等下部结构都是以直线为主，但是上部椅背、搭脑、扶手乃至竖枨、鹅脖都充满了灵动的气息。

2．家具制造的打样

制造每件家具之前，总得要先配料画线。画线，其实也可称为"画样"。旧时，人们手里根本就没有设计图纸，式样是通过师徒一代代地相传、口授身教流传下来，每种产品的尺寸、用料、工时、工价，都得牢记于心。对于设计家具的新款式，主要凭借匠师中的"创样"高手来完成，江南民间称这类高手为"打样师傅"。他们在长时间的实践中，以丰富的经验，设计创新，举一反三。旧时的大户人家要制作硬木家具，常邀请能工巧匠来自己的家里"做

明末清初·黄花梨夹头榫独板翘头案（一对）
长148厘米，宽34厘米，高85厘米

　　全器原皮壳包浆，造型流畅，比例协调，窄而长的牙板给此案增加了几许冷峻的美感。其案面的厚度、牙板的宽度与之腿足直径的比例已达到"增一分太肥，减一分太瘦"的最佳化境。

活"。时间少则数个月，多则一两年。工匠们按照用户所要求的从开料做起，直至整堂成套家具彻底完工。所以在民间，也就有了"三分匠，七分主"之说法，就是说工匠的设计或者打样通常是按照主人的要求来实施的，甚至在有的时候，主人会直接参与设计工作。所以，流传到现在的家具传统式样，有很多是在传统基础上集体创作而成。

清早期·黄花梨有束腰直腿打洼条桌

长105厘米，宽89厘米，高46厘米

　　条桌陈设灵活，传世较多，然做工用材都值得称道者并不多见，此件即为其中之佼佼者。木条桌采用了明式桌类家具最标准的造型：束腰、马蹄腿、罗锅枨。独特之处在于，边抹腿足皆打洼处理，规矩而雅致。

3. 精湛卓越的木工工艺

　　到了制造硬木家具的年代，优良传统的木工加工手艺已是登峰造极。在木工行业中，流传着这样一条规矩，即"工木不离分"，也就是说，木工技艺水平的高低，往往是分毫之差。不管是榫卯的厚薄、松紧，兜料的裁割、拼缝，还是用料的尺度、粗细，线脚的曲直、方圆，均为直接体现木工手艺的关键之处，也是决定家具质量高低的主要因素。所以，木工工艺要求做到料分和线脚都得"一丝不差"，因为不管是"出一线"，还是"进一线"，均会导致视觉效果的差异性；兜接和榫卯都得实现"一拍即合"，因为稍有出入或者歪斜，就会影响到家具的质量。在苏州地区木工行业中，直到今天还流传着"调五门"的故事。传说，以前有一位手艺特别出众的木工匠师，一天，他被一家庭院的主人请去制作一堂五具的梅花形桌和凳。这位木工匠师按照主人的设计要求制成家具以后，为了将自己手艺的高明之处体现出来，让主人更加放心和满意，就撒了一把石灰在地上，然后将梅花凳放在上面，顿时压出来五个凳足的脚印。然后，他按照这五个脚印的位置，一个个地进行凳足调换。四次转动，每一次这五个凳脚均正好落于之前印出的灰迹中，没有丝毫的偏差，这家庭院的主人看后连连称赞。

（1）工艺与构造的设计

在木工手艺中，有不少的工艺和结构的加工都需要匠心独运的构思，特别是不同种类的榫卯工艺，既要做到熟能生巧、灵活运用，当然还要做到构造合理。家具中往往会利用榫卯的构造来使薄板或者一些构件的应变能力得以增强，从而防止出现横向丝缕易断裂、易豁开等现象。对于部分家具的镂空插角，木工匠师们融会贯通了45度攒边接合之法，把两块薄板各起槽口，出榫舌后再进行拼合。这样一来，不仅有效地防止了用一块薄板时插角因镂空而易折断的危险发生，而且还提供了插角两直角边均能够挖制榫眼的条件，只要将桩头插入，就可以完美地与横竖材接合起来。

因清式家具造型与明式家具造型存在着差异，家具形体构造通常会有不同的变化。所以，在家具的制造工艺方面已经形成了不少新法，比如太师椅等有束腰扶手椅越来越多，一木连做的椅腿和坐盘的接合工艺已经变得十分复杂，当然也有着更高的工艺

明末清初·黄花梨圈椅（一对）
宽58.7厘米，进深45.1厘米，高97厘米

要求。这类椅子的成型做法，必须一丝不苟、按部就班，大体有四步：第一步，先将前后脚与牙条、束腰的连接部分各组合成两边的框架，但需要注意的是，牙条两端起扎榫、束腰是落槽部分，这样做是为了使接合后的牢度加强；第二步，把椅盘后框料与牙条、束腰与椅盘前牙条、束腰同步地接合，且接合至两边的腿足，合拢后形成一个框体；第三步，先连接接合椅盘前框料与椅面板、托档，再和椅盘后框料入榫落槽，摆至前脚、牙条上，对入桩头以后一定要拍平，接着是，面框的左右框料从前后与两侧框料入榫合拢，其中，后框档做出榫，而前框料为半榫；第四步，将背板、搭脑和两边的扶手安装起来。

（2）科学合理的榫卯结构

工艺合理精巧，榫卯制作是制造家具最为关键的方面。在长时间的实践以后，后期家具中榫卯的基本构造，在一些实际做法上已经和明式家具榫卯稍微存有了差异。比如，丁字形接合时的"大进小出"。

清早期 · 黄花梨文具箱

长34厘米，宽23厘米，高21厘米

此箱黄花梨制，周身光素，唯以自然细腻的纹质和严谨的榫卯结体取胜。形制为一片前开门式，门框格角攒边装板心，板心镶入瓣形面页及拉手，其上方边抹装长方形面页及扣锁，铜件卧槽平镶，极为细致。设提梁，便于提携，另琢出卷云线脚。内置四屉，铜件皆保存完好。

明代 · 黄花梨独门官皮箱

长36厘米，宽25厘米，高32厘米

　　此箱盖掀开是一个平屉，箱木为格角榫攒边打槽装独板门心，箱上镶有长方形面页，黄铜云头拍子。平卧式安装，箱两侧安有提环，箱内七小屉，皆安有拉手。材质珍贵，制作精巧，功能多样，较少见。

　　具体说来就是，开榫的时候将横档端头的二分之一做成暗榫，将另外的二分之一做成出榫，与此同时，将柱料凿出相对应的卯眼，这样做是为了便于柱侧另设横档做榫卯时可以完成互镶。通常情况下，后期家具已不再采用该方法，往往是一面做暗榫，一面做出榫。又如棕角榫的运用，根据情况的不同做出不同的变化后，与形体结构和审美的要求更加符合。但在一种橱顶上，棕角榫的变体做法又很明显，为和顶前出现束腰的形式相适应，在顶前部制作凹进裁口形状，贴接收缩的颈线和抛出的顶线，使效果呈现出特殊性。该种类型构造内部结构，尽管依然采取了棕角榫的做法和原理，但在外表方面已不再呈现棕角形。还有就是，如传统硬木家具典型的格肩榫，通常情况下，硬木家具是不做小格肩的。大格肩的做法，往往会采用虚肩与实肩相结合的做法，也就是说，把横料实肩的格肩部分锯掉一个斜面，而相反的竖材上就会呈现出一个斜形夹皮。这种造法既因开口加大了胶着面，又

明代 · 黄花梨台座式座几
长33.5厘米，宽27厘米，高9.5厘米

　　此几为四面平结构，六足有内托泥，券口牙子，牙子与腿足相交处挖牙嘴圆润过渡，座几面为格角榫攒打槽装木纹华美的独板面心。此座几造型古朴雅致，做工精美，朴实无华，包浆圆厚，打磨精细。

　　不会因为让出夹皮的位置而剔除掉太多，且加工起来十分方便。江南的木工匠师们将该种格肩榫称作"飘肩"。

　　在分类上，家具常用的榫卯可以分几十种，大致可归纳为格角榫、插肩榫、楔钉榫、裁榫、出榫（通榫和透榫）、燕尾榫、走马榫、长短榫、来去榫、托角榫、棕角榫、抱肩榫、套榫、扎榫、勾挂榫、穿带榫、夹头榫、银锭榫和边搭榫等，通过合理的选择，凭借着不同种类的榫卯，可将家具的各种部件作横竖材接合、直材接合、平板拼合、板材拼合、交叉接合和弧形材接合等。按照部位和功能要求的不同，在做法上也各有不同，但变化中又有可循的规律。自清代中期后，不同地区往往会有一些不同的巧妙之处和不同的方法，比如，抱肩榫的变化、插肩榫和夹头榫的变体等。

　　有的人会觉得，精巧的榫卯是用刨子来加工进而实现的，事实上，除槽口榫使用专门的刨子外，别的也都凭借凿和锯来加工进而实现。根据榫眼的宽狭，凿子分好几种规格，匠师们可以选择使用。榫卯一般不求光洁，只需平整就可以了，榫与卯要做到"不紧不松"才可以。其实，松与紧的关键之处还在于长度要恰到好处。我国传统硬木家具运用榫卯工艺的成就，即为用榫卯替代了铁钉和胶合。与铁钉和胶合来比较，榫卯结构则牢固坚实很多，还可以按照不同的需要对部件进行调换，不仅可以拆架，还可以装配，特别是将木材的截面都利用榫卯接合而使其不外露，将材质纹理的整齐完美和协调统一都保持住。因此说，清料加工的家具才可以达到出类拔萃的水平。我国传统家具经过几千年的发展，到明朝时期，就具有了将硬木家具的装饰、制造和材料集于一身、融于一体的物质驾驭能力。毫无疑问这对全人类的物质文明做出了十分巨大的贡献。

（3）木工水平的鉴别

要对一件家具木工手艺的水平进行全面的检查，各个方面都有很多丰富经验，"摸、看、听"即为常用的方法。其中，摸，是凭手感触摸是不是舒适、顺滑、光洁；看，是看家具的选料是不是纹理一致，是不是做到了木色，看线脚是否清晰、流畅，看从外表至内堂是不是同样认真，看结构榫缝是不是紧密，看平面是不是带有水波纹等；听，是用手指对各个部位的木板装配进行敲打，根据所发出的声响就能够对其接合的虚实度进行正确的判断。家具历来注重这种被人们叫作"白坯"的木工手艺，要知道一件十分出众的家具，往往不上蜡、不上漆，就已经达到了至高无上的水平。

（4）传统的木工工具

工欲善其事，必先利其器。木工技艺的精巧卓越，当然离

明代·黄花梨雕双螭龙方台
长48.5厘米，宽48.5厘米，高140厘米

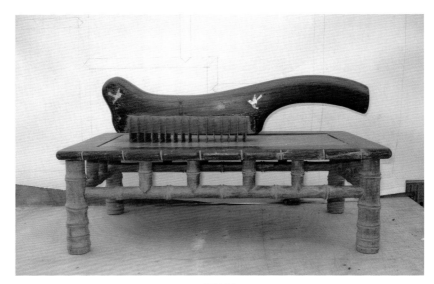

蜈蚣刨

不开得心应手的工具。家具制作时所用的木工工具主要有凿、锉、锯和刨。因为硬木具有坚硬的木质，所以刨子所选的材质，以及刨铁在刨膛内安放的角度，都特别讲究。

由明代宋应星所编著的《天工开物》当中，就记载了一种被人们叫作"蜈蚣刨"的工具，一直到今天，它依然是木工工艺中无法缺少的一种专用工具，在制法方面和旧时的制法是相同的，"一木之上，衔十余小刀，如蜈蚣之足"。如今的民间匠师们将它称为"铧"。在使用它的时候，应该一手握柄，一手捏住刨头，然后使劲地往前推，这样就能够获得"刮木使之极光"的良好效果。

在木锉中，有一种工具被人们称为"蚂蚁锉"，木工们往往用它作为局部接口和小料的加工处理工具，也是一种被用来作为"理线"的有效专用工具。有的人觉得圆、曲、凹、凸、斜、直的各种线脚都是凭借专用的线刨刨制出来的，实际上，有不少线脚的造型都无法离开这样的一把小蚂蚁锉，可以说，蚂蚁锉在技师手中的功能简直达到了出神入化的地步。

4. 揩漆工艺

　　在南方，传统家具均需要做揩漆，不上蜡。所以除了需要技艺好的木工匠师以外，还需要有技艺好的漆工做手。漆工加工的工序和漆工加工的方法尽管在各个地方都存在差异，但是制作的基本要求大体是一样的。揩漆属传统的手工艺，主要原料是生漆。生漆加工可以说是关键性的首道工艺，所以揩漆一定得懂漆才行。由于生漆来货均为毛货，所以需要通过试小样挑选，合理地进行配方，细致地进行加工、过滤以后，再经一些工艺流程，比如晒、露、烘和焙等，才可以升为合格的用漆。有不少的方法是秘不外传的，通常由专业漆作的掌漆师傅将成品配制出来且出售，以供给那些漆家具的工匠进行选择和购买。

　　揩漆的一般工艺过程应先开始于打底，打底也可以叫作"做底子"。打底的第一步又可以称为"打漆胚"，然后再用砂纸将棱角磨掉。在从前没有砂纸的时候，则用面砖水磨的传统做法。接下来的第二步便是刮面漆，嵌平洼缝，刮直丝缕。再接下来就是第三步了，也就是磨砂皮。这一步完成以后便进入了第二道工序。其实，该道工序应开始于着色，由于家具各部件的木色往往是无法做到完全一致的，这就需要采取着色的方法进行加

明晚期·黄花梨黑漆圈椅
宽60厘米，深47厘米，高101厘米

清早期 · 黄花梨提盒
长34.5厘米，宽18.5厘米，高22.5厘米

　　此提盒以长方框作底，两侧设立柱，以站牙抵夹，上安横梁，构件相交处均嵌铜面页加固。铜件锈迹透出浓郁的历史气息。共分两层，盒盖两侧立墙正中打眼，与立柱相对部位也打眼，用以插入铜条，将盒盖及各层固定于立柱之间。此件提盒制作规整、稳重大方，有较高的实用性。

　　工处理；当然了，按照用户的喜好，能够在色相上或者明度上稍加变化，从而将家具的不同色泽效果表现出来。

　　清中期后，因宫廷及显贵的爱好，最为名贵的家具首先就是紫檀木家具，其次是红木家具。紫檀木色深沉，所以就有不少的红木家具为追求紫檀木的色彩，在着色的时候就采取深色。配色的时候采取颜料或者用苏木浸水进行煎熬。有些家具由于色泽一致、选材优良，所以在揩漆之前不需要着色，即人们常说的"清水货"。

　　接下来，就可以做第一次揩漆了，再覆面漆，然后溜砂皮。同样按照需要还可以进行第二次着色，或直接揩第二次漆。接着便可进入推砂叶的工序了。砂叶是砂树上长出来的叶子，反面毛糙，用水浸湿后可用来对家具表面进行打磨，这样可以使家具表面极具光泽且极其润滑。接着还得连续揩第三次漆，人们称其为"上光"。通常，经过上光处理后的家具滋润平滑、明莹光亮，质感耐人寻味，手感舒适柔顺。在此期间，家具要多次送入荫房，因为漆膜在一定的温度、湿度下才可以干透、光泽度良好。由于北方的天气寒冷干燥，所以不宜做揩漆，大部分采取烫蜡的方法。

如今的硬木家具揩漆大部分采用"腰果漆"。"腰果漆"还有一个名字叫"阳江漆"，属于天然树脂型油基漆。用腰果壳液作为主要的原料，和有机化合物比如甲醛、苯酚等一起，经缩聚以后，再用溶剂将其调配成如同天然大漆一般的新漆种。

家具的作伪形式

若经营得当，老家具业所能获得的利润是非常丰厚的。所以说，在经济利益的驱使下，家具的作伪手法愈加高明，不少赝品频频应市。不得不说，老家具的作伪已成了每一位家具爱好者、家具研究者和家具收藏者所要面临的问题。

清早期·黄花梨圆角柜
长74.5厘米，宽37.5厘米，高96厘米

清早期·黄花梨独板龙纹翘头案
长218厘米，宽46厘米，高83厘米

1. 以次充好

　　"以次充好"的家具作伪现象主要表现在家具的材质上。明清家具材质主要以铁梨木、乌木、花梨木、酸枝木、紫檀木、黄花梨木和鸡翅木制作而成。现在，有很多的家具收藏爱好者普遍缺乏对不同种类高档木材的了解，而投机者就恰好在这一点上窥到了机会，将较次木材染色处理，来冒充好的木材。例如，以黑酸枝来假冒紫檀，以白酸枝或越南黄花梨木冒充黄花梨木，或者把普通的黄花梨木染色以后来假冒紫檀。还有红酸枝木，如果在木质方面不逊色于紫檀，就会有人将缅红漆、波罗格和缅甸木等木材说成是红酸枝木。以次充好的实际原因当然是为了捞取钱财，因为这些木材的价位依其材质差异悬殊甚大，譬如，越南黄花梨木和黄花梨这两者在价位方面就差10倍到15倍之多。如今，随着材料越来越短缺，不同种类的木材价格还在不断地上涨，所以密切地了解材质行情，对于家具价值的判断非常关键。一般情况下，酸枝木、紫檀和黄花梨的纹理都很细密、清晰，凡是遇到纹理粗糙的或者纹理模糊不清的，都必须谨慎对待。

2 . 常见品改罕见品

之所以要将一般的家具品种改成罕见品种的家具，是由于"罕见"是家具价值的一种主要体现。所以，有很多家具商将不太值钱且传世较多的小方桌、半桌和大方桌等，改成比较罕见的围棋桌、抽屉桌和条桌。投机者对家具的改制手法多样、因器而异，若研究得不够细致，通常不容易查明。

清代 · 黄花梨裹腿罗锅枨加卡子花条桌
长118厘米，宽70厘米，高83.5厘米

3 . 贴皮子

在以常见木材制作的家具表面上"贴皮子"（也就是"包镶家具"），伪装成硬木家具，再以昂贵的价格卖出去。包镶家具的拼凑处，通常凭借着上色和填嵌进行修饰，有的是在棱角处进行拼缝处理。做工精细者，外观几可乱真，若观察不够仔细，不易看出其中的破绽。这里需要强调一下，部分家具出于功能需要或者别的什么原因，无奈采用包镶法以求统一，不在作伪的行列。

4. 拼凑改制

如今，家具收藏越来越热，真正的明清家具原物已经非常少见了。但是有不少的收藏爱好者一味尚古，一定要购买到旧的。这样一来，就会促使部分人专门到乡下对古旧家具残件进行收购，对其移花接木以后，拼凑改制成不同样式的家具。也有的家具在保存方法上不妥当，造成构件严重残缺，也被采取移植非同类品种的残余构件，凑成一件家具。结果不伦不类的，材质上也很混杂。

5. 化整为零

将完整的家具拆改成多件，从中获得高额利润。拆散一件家具以后，先按照构件原来的样子仿制成一件或者多件，再将新部件和旧部件混合起来，组装成各自包含部分旧构件的两件或者两件以上的原式家具。比如，将一把椅子改制而成一对椅子，或者拼凑出四件，诡称均为"旧物修复"。实际上，这种作伪手法是最恶劣的手法，既严重破坏了珍贵的古代文物，又有极大的欺骗性。如果我们在实际鉴定家具的过程中，如果看到有二分之一数量以上的构件为后配，则应思考一下是不是属于该种情况。

清早期·黄花梨罗锅枨带矮老方凳
边长58厘米，高46厘米

6.调包计

通过"调包计",将软屉改制成硬屉。软屉,是床、榻、椅、凳等传世硬木家具的一种弹性结构体,由棕、丝线、木、藤等组合而成,大部分施于椅凳面、床榻面及靠边的位置,在明式家具中较为多见。软屉与硬屉相比,柔软舒适,但比较容易损坏。传世久远的珍贵家具,有软屉者几乎都已经损毁。因近几十年来制作软屉的匠师(细藤工)越来越少,因此有不少的古代珍贵家具上的软屉都被改制成了硬屉。硬屉(攒边装板有硬性构件),具有比较好的工艺基础,原本为徽式家具和广式家具的传统做法。如果利用明式家具的软屉框架,选用和原器材一样的木料,以精工改制成硬屉,很多人就易上当受骗,一定会误认为修复之器是保存良好、结构完整的原物。

明代·黄花梨烟枪
高21厘米,直径9厘米

7.改高为低

为了进一步地适应现代人生活中的起居方式,将高型家具改制而成低型家具,即为"改高为低"。家具是实用器物,其造型密切关系到人们的起居方式。尤其是在进入现代社会以后,床榻和沙发型的椅凳已经有不少进入了普通百姓家。为迎合卧具、坐具高度下降的需要,有不少流传下来的桌案和椅子被改矮了,以便于在沙发前放沙发桌,在椅子上放软垫等。有很多人购入经改制以后的低型古式家具后,还总将其视为是古人们流传下来的"天成之器"。

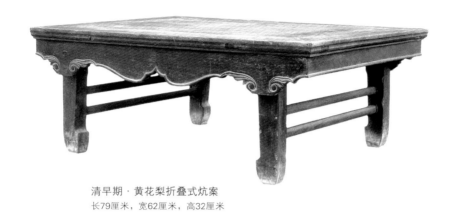

清早期 · 黄花梨折叠式炕案
长79厘米，宽62厘米，高32厘米

8. 更改装饰

为使家具身价得以提高，一些投机者们有的时候会任意更改原有的结构和原有的装饰，故意除去一些珍贵传世家具上的装饰，用来假冒年代久远的家具。这种作伪行为，欺骗性也是很大的。

9. 制造使用痕迹

在使用痕迹制造上，大体有如下几大手段。

在新制作好的家具上泼上茶叶水和淘米泔水，再将其放置于室外的泥土地上，日晒雨淋两三个月以后，家具的木纹就会自然开裂，原木色泽就会发暗，油漆就会龟裂剥落，透露出一种历经风风雨雨的旧气，就好像将几十年甚至上百年的时间浓缩于其中。若新制作好的家具是桌椅类的家具，就将这种家具的四条腿埋在烂泥地里，久而久之，这一截腿就会褪色，颜色会从浅入深，显出一种水渍痕，欺骗性很大。通常情况下，真品的水渍痕不超过一寸，作伪的往往会超出这个尺寸。

对一些具有较高使用频率的家具，像箱柜和桌子，投机者就在其表面用钢丝球将一条条的痕迹刻意地擦出来，经过上漆后再用锅子和茶杯刻意烫出印记，然后用小刀将几道印子划出来，总会让人觉得似乎真的用了几十年。

有些作伪者为了做出包浆，通常会采用漆蜡色作假，有的作伪者甚至还用皮鞋油用力地擦揩家具。对于此，鉴别起来较简单，因为自然形成的包浆，摸上去根本无任何寒气，相反会有一种温润如玉的润滑感；而新做的包浆会有一股怪味道，有黏涩阻手的感觉。

有些作伪者为使效果更加逼真，还在家具的抽屉板上故意做一些特殊的破坏，比如，像是被老鼠咬过的缺口，或者被虫蛀过。有些买家一看到木档和板上有被虫蛀过的痕迹，就觉得它一定是真品。

家具的辨伪内容

如今，随着家具收藏越来越热，古旧家具市场上泛滥着很多的仿古家具。家具收藏者们必须掌握一定的家具辨伪知识，从而使自己的辨识能力得以提高。

清早期 · 黄花梨雕花方桌
边长95.5厘米

1. 气韵辨伪

　　"气韵"可以说是我国家具的重要文化内涵，家具有气韵具体体现于每一个造型语言中，渗透于家具的每一根线条之中。行内流行着这样一句话："一件精品的家具，自己会说话。"这句话的含义是，家具的气韵之所以可以造就古家具的经典，是因为它是经数不清的工匠的智慧逐渐沉淀而成的。比方说，明朝时期黄花梨圈椅的扶手端头，外撇造型如流水般洗练，而在其上往往刻有简洁的线纹，让人感觉富有弹性。这就是家具的气韵。而在如今，仿制古家具者急功近利，只在"形似"方面做停留，绝对不可有家具气韵的。所以说，学会家具气韵辨别，是对古家具进行鉴赏的基础之基础。当然了，要想学会辨别家具的气韵，就必须多欣赏真品、博览群器，这样才可以有效增长眼力。

2. 髹漆辨伪

　　中国家具的髹漆工艺是中国家具艺术的主要组成部分之一。不同

清早期·黄花梨螭龙纹小翘头案
长140厘米，宽38.5厘米，高17.5厘米

清早期 · 黄花梨龙纹方桌
边长90厘米，高87厘米

种类的家具有着不同的髹漆工艺，此处所说的"髹漆辨伪"，主要指的是珍贵的硬质木材家具，也就是红木类家具、紫檀家具和黄花梨家具。其实，这种类型的家具传统髹漆技法为"揩漆"工艺，具体是将天然漆（生漆）髹涂在器物表面，在天然漆（生漆）要干未干的时候，用纱布将表面的漆膜揩掉，就这样反反复复多次，直到表面光亮。最后一步就是"打磨"，是为了将木材的天然纹理体现出来。而仿制家具，一般是采用"混水货"的工艺，具体就是用有色的漆膜将家具的表面覆盖住，而木材的天然纹理是看不到的。

3. 款识辨伪

明清家具上的款识大概有三类：一是购置款，二是纪年款，三是题识。

购置款是用来记载此器物的购置经过、地点，或者是此器物定制的地点、造价等。譬如，在中国明代崇祯年间的一件铁力翘头案的面板底面刻字的拓片上面，刻着"崇祯庚辰年冬置于康署"的字样。其中的"崇祯庚辰"实际上指的是崇祯十三年（1640）。显而易见，这

清早期·黄花梨轿箱
长72厘米，宽17厘米，高13厘米

件铁力翘头案的款识为其主人刻下的购置款。毋庸置疑，带有购置款的家具，可以为此件家具的断代提供可靠的依据。

纪年款仅仅对器物的制作年代进行相应的记载，大部分的纪年款均出自于工匠。其实，带有纪年款的明代家具比较少，从王世襄所著的文中可以知道，在故宫藏品当中，有的漆木家具上刻有"大明宣德年制""大明万历年制""大明嘉靖年制"等的字样。

题识是鉴赏家、收藏家题刻在家具上的墨迹，或者是记载此家具的品评感慨与喜悦之情，或者是记载此家具来历的说明。总而言之，家具一经名人之手身价就会迅速倍增，成为名器而受万人关注了。其实，传世的家具中带款的并不多。如果遇到带款识的家具，得小心谨慎地对待，要从家具的工艺、材质、时代风格和装饰进行全面的分析，同时还要结合有关的历史文献。只有这样才能正确地辨别出家具的真伪。

4. 包浆辨伪

包浆，是指古器物在传世期间表面留下来的风化痕迹，是古玩的行语之一。因木器不难上包浆，且具有较厚的包浆层，行业人士称这种包浆为"皮壳"。一般情况下，家具"皮壳"呈现出一层玻璃质的状态，十分柔和，木材的色泽有一种苍老的感觉，质感如同宝石一般，一擦就会显示出光泽，而木质的纹理也是从里往外透的。而仿制作伪的旧家具，常用漆蜡色作假的皮壳，有的作伪旧家具甚至还会采用像

清早期·黄花梨瘿木面无束腰刀牙板直枨圆腿小香案
长80厘米，宽74.5厘米，高56.5厘米

此案案面攒框装瘿木板心，纹质灵动盎然。边抹冰盘沿压边线，不设束腰，光素的刀牙板与横枨相抵，圆足直落到地下，光素朴质。整器结构简练，包浆温润浓郁、空灵隽永。在古代绘画中常可以看到这样的小桌，是非常实用的家具，可临墙凭窗而置，摆设香器或鼎彝，古雅清逸。

皮鞋油之类的劣质材料来造假的皮壳。用手触摸真品的皮壳，会感觉温适和光滑；假的皮壳光泽是浮躁和呆板的，用手触摸起来有一种腻涩、受阻感，甚至还会有黏手的感觉。除此之外，古家具内部也有包浆，所以在收藏的时候必须认真而又仔细地进行辨别。

5. 雕刻辨伪

"雕刻"是明清家具的一种主要的装饰语言。在对仿制家具的雕刻进行鉴别时，必须注意下面的这几点。

观线条。在家具的雕刻中，线条最简单，但是线条是最不容易做的，

清中期·黄花梨五屏式镜台
长62.5厘米，宽36.5厘米，高85.5厘米

因为稍微不小心就会露出破绽。而那些边沿线条、回纹线和纹饰外线等，往往就是露馅之处。

察刀法。凡是仿造之刀，都会显得生硬呆滞，刻意追求像不像却没了神态，有的时候为了仿冒会将某个局部故意突出来，使整个布局失去了均衡。

审细部。古典硬木家具的雕刻，十分强调细部的精致性，而如今仿制家具的材料很不到位，所以不容易实现精致性。

6. 打磨辨伪

在古代的时候，师傅制作好家具以后，学徒要用不同种类的打磨材料打磨家具，往往是一磨数年，有的用细竹丝，有的用竹节草，甚

清中期·黄花梨方材官帽椅
宽55厘米，深49厘米，高99厘米

至像有的紫檀家具都是人们用竹片一点点地精心刮磨而成的。这种打磨功夫不会遗留半点空白，是深刻入微的。尤其是那些细微的位置，还有深凹之处，均可以打磨得十分柔润和光滑。而新仿的家具，大部分为机械性打磨，外凸与平整部位，可以抛光得像镜面一样，但坑洼之处，则无法打磨光滑。这样一来，就一定会残留下毛糙的痕迹。即便是采取人工打磨的方式，也绝无从前那样的深功夫。另外，若家具材质的硬度不够，打磨得再细致也不会有光泽感。

7. 新旧辨伪

在价值方面，新仿家具与古家具的区别比较大。年代越是久远，家具的价值差距就会越悬殊。

对新仿的家具进行辨别，首先，要对木器的雕花部位打磨的细致

清晚期·黄花梨炕柜
长46.7厘米，宽32.4厘米，高61厘米

清代·黄花梨提盒

长17厘米，宽11厘米，高13.5厘米

　　盒体连盖分三层叠落，最底下一层嵌落在底座的槽口中。提手的结合处为榫卯结构，两侧用"站牙"固定。提盒的四角为圆角包铜，做工精细，图案亮丽。保存至今，品相完好，实属不易，极具收藏价值。

程度进行仔细地观察。新仿木器通常显得生愣和粗糙。如外表光，里侧则像刀子似的划手，这种现象在古家具当中是不常见的。其次，对其有无使用过近现代工艺和近现代手法进行认真的观察。如一个圆角柜，透榫两边的形状为圆弧形的，则为新仿家具，这是由于该种类型的圆弧榫眼其实是出自近代的打眼机。所以说，作为家具收藏者，需要具备广博的考古学、历史学、文化艺术和家具专业方面的知识，要综合性、全方位地去了解家具，还要有十分丰富的实践经验。另外，要实际掌握明清家具的木质纹理、雕镂装饰、造型比例、结构榫卯和款识风格的不同特色，因为这些是明清家具鉴定的重要基础。还需强调的是，应注重家具形制的大小，对不同形制的制作年代进行全面的了解。当然了，注重款识辨伪，注重榫卯使用的工具，观察榫卯结合处以及对不同时代的榫卯结构特点进行了解也是非常关键的。除此之外，应该凭借着自己的手感对不同的木质进行辨别，仔细地辨别木质表面透露出的光泽、细部的装饰工艺和木质所散发出来的不同气味，熟知历代的用料情况和不同时代的家具装饰风格和区域性的家具装饰风格。总之一句话，古家具断代和古家具辨伪是正确鉴赏家具不可或缺的主要环节。

淘宝实战

TAOBAO SHIZHAN

　　广大黄花梨爱好者深知黄花梨家具的珍稀性和保值性。随着市场上黄花梨家具的日益减少，黄花梨家具市场却依然火爆，了解黄花梨家具的价值评判及其投资技巧，才能选购得踏实、放心。

黄花梨家具的价值评判

❋ 黄花梨家具的艺术价值

明式花梨木家具是我们这个善于创造且深富美感的中华民族的独创，在中国人精神与心灵的升华中，这种优美的器物得以成就。斗转星移，在跨越了数百年的时空之后，时至今日，这些明式花梨木家具大都成了我们中国人引以为豪的艺术经典。

要探讨花梨木明式家具的价值，首先要清楚地认识明式家具的总体价值。明式家具的价值，不仅体现在它的历史性、创造性和实用性上，更体现在它的欣赏性和艺术性，以及沉淀在它身上的中国几千年悠久历史中的各种文化精神和文化元素上。明式花梨木家具凝聚了中国五千多年的文化精髓，体现了儒、道、佛、禅、释的哲学思想，萃取了木结构建筑的精华，融书法艺术、形体造型艺术、雕塑艺术和雕刻艺术于一体，是集中国人对美的理解之

明末清初·黄花梨圆角柜
长71.4厘米，宽43.5厘米，高109.7厘米

大成者。

　　确切地说，20世纪80年代以前，明式花梨木家具的价值观和艺术观在中国并没有形成，也并未得到普遍的认同。对于老祖宗遗留下来的艺术财富，人们只将其当成再熟悉不过的普通家庭实用具。而自从它被西方世界挖掘并被誉为"东方璀璨的艺术明珠"后，国人对它的价值和艺术性才有了重新的认识。

　　用价值尺度来衡量艺术，向来是一个复杂的问题，在当今商品经济社会中，这同样是一个复杂的问题。它不仅受到不同时代人们审美情趣的制约，还受到某个特定时段里人们对艺术的不同理解的局限，此外还受到人们在各个时期对艺术理解层次的差异、个人文化修养的差异、审美观和审美情趣的差异、东西方文化理解的差别、艺术品共性和个性差异的影响。这些无疑都会影响人们对明式花梨木家具艺术价值的衡量与评估。

清早期·黄花梨四出头官帽椅
长61厘米，宽56厘米，高119.5厘米

　　此黄花梨官帽椅代表四出头官帽椅的基本式样，搭脑中间成枕形，两端出头，三弯靠背板宽厚光素，弯弧有力，嵌入搭脑与椅盘之间。后腿上截出榫纳入搭脑，鹅脖与腿足亦是相似做法。扶手呈三弯弧形。椅盘格角攒边置屉，座面下三面安光素的券口牙子，沿边起阳线。腿足间置步步高赶脚帐。

　　因此，在对明式花梨木家具的艺术和价值进行具体衡量时，只能在每一件家具，或是在各家具与艺术成就之间的种种差异中寻找平衡点，并将其作为衡量家具价值的尺度。在中国历史上，花梨木家具的发展曾经出现过两次规模空前的繁荣时期：第一次发生在16、17世纪明朝的中晚期及清朝的早期，第二次发生在20世纪的80年代直至21世纪的今天。

　　要对这两个不同时期所产生的花梨木家具的价值进行评估，应当采用两种不同的价值观。对于16、17世纪的花梨木家具，应注重其历

清早期·黄花梨及乌木高束腰三弯腿带托泥香几
边长53厘米，高90厘米

　　此几腿足劈料三弯，下承托泥，曲线弯弧优美，有婀娜之姿。腿足间坠角制成精致的卷云角牙状，为整器增添佳趣。香几可陈设炉鼎，宫殿佛堂，也摆设香几，除焚香之外，兼放置法器等。从丰富的细节足可见此香几制者刨除繁俗、法道自然、集合文人意趣心境与传统的设计，巧用工料，终制瑰器，令观者怡心悦目。

史价值、原创价值、艺术价值、文化价值和人文价值；对于当今人们所仿制的明式花梨木家具，应当用历史的眼光进行分析，从目前总体的情况而言，它仍处于明式花梨木家具制作的继承和弘扬阶段。因此，在评估其价值时，应更多地注重制作者对传统古典家具的理解及其在家具制作过程中的每一个细节上的体现。

从明代家具的艺术范畴上来说，明式花梨木家具代表了明代家具的最高艺术成就。而经典的明式家具一定是采用极品的海南岛产花梨木制作的，这种材质是构成经典明式家具的价值基础。不过，需要注意的是，除了关注家具材质外，还要注重构成家具价值的其他因素。例如，家具制作材料与造型风格的匹配，木材颜色、纹理、质感在家具制作中的应用，对家具适度比例尺寸恰当地运用和掌控，制作工艺在家具制作过程中的完美体现等等。这些因素密切相关，相互依存、相互依托、相互依赖，共同构筑了明式花梨木家具的艺术价值。

清早期·黄花梨四抹围屏（六屏）
长337厘米，宽220厘米，厚3.2厘米

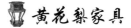

✳ 工艺对家具价值的影响

　　家具制作工艺作为实现家具艺术的手段，是家具艺术的生命。离开了家具制作工艺，家具艺术就无法实现。精湛的家具制作工艺，必然会为家具增添附加值。对家具艺术最开始、最基本的审视，是从制作工艺开始的。判断家具制作工艺的优劣，首先着眼于家具整体的平、密、顺、挺、严、曲、牢以及家具整体与各部件间的协调统一上。

　　平。即家具中的各个平面都要平整光滑。侧光观察，家具木材的表面不可出现局部凹凸不平的现象。

　　密。一是看榫口、拼板的合缝是否严密，严密的标准是在家具的合缝处看不见黑线；二是看柜子的屉、门，箱子的盖关上之后的合缝是否严合，

清早期·黄花梨万字纹四柱架子床
长221厘米，宽142厘米，高219厘米

清早期·黄花梨螭龙纹绿石插屏
长55厘米，宽38厘米，高73厘米

清早期·黄花梨围棋盒（一对）
直径13.1厘米，高9厘米

　　此对围棋盒制作甚为考究，以整块黄花梨车旋成型，作敛口、鼓腹、圈足，带盖。其外打磨光亮，尽显黄花梨纹质之雍容俏丽，精作如玉之巧雕。盒身造型简练，久经辗转摩玩，器身形成浓郁饱满的包浆，入手圆润，古朴的棋盒与温润的棋子结合，秀雅出尘，有清逸之趣，生意盎然。

　　关上之后的缝隙线直细，则严密。

　　顺。在家具的整体效果里，"顺"字体现的是顺眼、顺畅。检验是否"顺"的方法如下：首先是用手自上而下地顺摸以及左右旋转地摸，圆顺感即出。其次，"顺"体现在家具构件直面、椭圆棍体、圆棍体上，仔细观察，看家具构件中的各种椭圆形棍体、圆棍体是否圆顺，圈圆的渐变是否合理、自然。

　　挺。也就是直挺，即家具整体的垂直度是否挺拔，各腿、脚、枨、面是否直挺。人挺胸站立的时候，方显精神抖擞，家具也一样，挺直的家具才能展现出如人挺胸站立般的精神与气度。

　　严。制作古典明式家具，首先应当严格遵循制作传统家具时的各种基本形制及法则。如家具的形体造型、榫卯结构及家具结构的"四脚八杈"等。所谓"四脚八杈",指的是柜、椅、案等立式家具中的四只脚要求左右、前后都呈"下大上小"的八字形。在制作传统古典家具时,如果不符合传统家具制作的形制,或榫卯结构的使用错误,甚至是用铁钉、胶水以及螺丝扣件等对家具结构进行紧固连接,那么这种所谓的古典家具就是一堆没有任何价值的废物。不过,在严格遵循传统家具制作的各种形制要求的基础上,可以结合现代人的审美情趣进行某些部位的改动。但是,不得对传统家具造型的形制进行根本上的改变,否则就会变得不伦不类,使其非但得不到承认,价值也会大打折扣。

曲。即各种家具部件中的曲线是否优美。

牢。指的是制作家具的牢固性。此即家具制作之根本,无须多说。

❀ 黄花梨木与家具造型的价值关系

水的优雅、土的敦厚、骄阳的刚烈、天地之精华,使花梨木炼就出了如琥珀般的通透、如玉般的温润,以及宛若云雾缭绕的仙境般行云流水的纹理。阴柔与阳刚并存的花梨木,灵动而精致,含蓄而温婉,素雅而光泽,神韵天然、香姿玉色,颜色与纹理都透露出中国水墨画

清早期·黄花梨木浮雕花卉纹梳妆台
长42.6厘米,宽28.7厘米,高21.1厘米

晕散渐变的艺术效果。它与东方人的气质极为吻合，是天地、山水所创造出的天然杰作，自古以来就受到中国人的喜爱。

利用不同的材料进行艺术创作，会产生不同的艺术效果。宣纸是表现书法与水墨画艺术的最佳载体，布是表现油画艺术的最佳载体，而花梨木，则是表现明式家具艺术的最佳载体。

明式家具的造型简约、线条优美，给人一种单薄的感觉。然而，花梨木的纹理生动、流畅。动与静、简与繁的聚焦与碰撞、对立与统一，在此达到从未有过的和谐与完美，从而创造出现今仍无法超越的家具艺术成就。简约造型的明式家具，给人一种轻飘、单薄的感觉，然而，当它被附着上花梨木那极富动感、行云流水般的纹理后，原本轻飘、单薄的感觉就消失了，并显露出典雅、尊贵、绚丽的艺术效果。体形硕大、充满寓意文饰雕刻的清式家具，采用红木、乌木、紫檀木、鸡翅木等深颜色的木材制作，更能显露出庄重、宏伟、威严、神秘的艺术效果。此即明式造型风格的家具多选用花梨木来制作，而清式风格造型的家具多选用红木、乌木、紫檀木、鸡翅木等木材来制作的主要原因。

我们应当认识到，在这场始于20世纪80年代并一直延续至今的传统硬木家具制作的高潮中，由于缺少相应的社会基础和条件，明清式家具不再是社会普遍使用的家具样式，所以，在当今社会，制作传统风格的家具更多地体现在对传统的传承和模仿，而不可能再改良或创造出得到社会普遍认同的传统型的家具造型。因此，花梨木依旧是制作、表现明式家具的最佳材料，而红木、乌木、紫檀木、鸡翅木等木材也依旧是制作、表现清式家具的最佳材料。

不同艺术风格的家具需要用不同的材料来表现，家具造型是表现家具艺术的载体。用海南花梨木制作的明式风格的家具，是其他名贵硬木无法比拟，也是无法替代的。因此，用花梨木制作明式造型风格的家具，能够最大化地体现它的价值。动感自然、纹理丰富的花梨木纹理与空灵典雅、简洁明快造型的明式家具相互配合，如天合之作。因此，用花梨木制成的明式家具的价值要远高于用花梨木制成的清式家具。

❀ 家具中混合使用不同的材料对家具价值的影响

凡是喜爱古典明清家具的人，对于现在市场上所出售的各种用于制作明清家具的珍贵木材的市场价格，都会有大体的了解。在市场上，海南岛产的花梨木的价格要高于越南产的花梨木，印度产的檀香紫檀木的价格要高于"大叶紫檀"，红酸枝木的价格要高于白酸枝木。

无论是在古代，还是在现代，用各种名贵硬木制作的家具都会出现下述两种现象。

第一，有意将两种不同颜色、不同种类的木材进行艺术配搭，或制作成"黄包黑"家具（即用颜色较浅的花梨木制作外框，框内到面板则使用较深的紫檀木），或制作成"黑包黄"家具（即用颜色较深

清代 · 黄花梨嵌紫檀龙纹霸王枨方桌
边长90厘米，高82.5厘米

方桌选材黄花梨，清中后期作品。面攒框镶板，大边及抹头中部挖空龙纹，平嵌紫檀双龙纹，较为特别。而此桌另一特别之处是腿足，王世襄先生称之为矮桌展腿式，此种形制并不限于方桌，可见同种造法的半桌。其自肩部以下约30厘米左右的地方造成三弯腿外翻马蹄，看起来像一具接腿的大炕桌。以下则为光素的圆材直腿。桌面底部设穿带支撑，出榫，下设霸王枨，高束腰，牙板做成注膛肚形式，浮雕双龙衔灵芝。

明晚期 · 黄花梨攒镶鸡翅木矮靠背小禅椅（一对）
长51.5厘米，宽44.5厘米，高94.5厘米

的紫檀木制作家具边框，框内到面板则使用颜色较浅的黄花梨木）。这种刻意地利用两种不同颜色、不同种类、不同纹理的木材设计、制作的家具，其价值非但不会降低，反而还会提升。

第二，在用珍贵木材制作一件家具时，为了降低家具的制作成本，或是由于制作家具材料不够，不用同一种类的木材制作，而是掺入其他纹理、颜色近似，且成本低廉的木材。这类家具，虽然不会直接影响家具的使用和寿命，但无论是对购买者，还是对使用者、旁观者，都会产生较大的负面影响。因此，家具的价值必然大打折扣。对于此类家具，海南岛当地花梨木家具玩家的表述如下："全黄"家具的价值最高，其次是"二黄"家具，"半黄"家具的价值最低。（全黄：即全部使用花梨木制作的家具；二黄：即以花梨木为主，掺入少量越南黄花梨木制作的家具；半黄：即花梨木和其他硬木各占一半所制成的家具。）

　　购买用珍贵稀有木材制作的家具，尤其是要求不饰油漆的花梨木家具、紫檀木家具的人群，通常都是有品位、有身份、有地位的人士，他们对于在珍贵木材制作的家具里掺入不同种类的低档次木材这种情况较为忌讳，从心里不愿意接受。这些人对于"掺入量不超过 30% 的家具，即可视为'满砌家具'（全部的意思）"的说法并不赞同。

　　此类家具的价值，可根据非本类木材掺入家具里的比例来进行衡量。家具阳面开脸部件掺入一件非主题木料，家具价值应折扣 20%；掺入两件（这也是最大极限）非主题家具，家具价值则折扣 30%；如果仅仅在家具不起眼的阴面或家具底枨掺入其他非主题木料，则应按家具完整价折扣 10% ～ 20%。

明末清初 · 黄花梨嵌瘿木夹头榫酒桌

长95厘米，宽38.5厘米，高74.5厘米

不同品质的材料对家具价值的影响

按照木材的质感来划分，海南花梨木的品质排序为：紫花梨木、红花梨木、黄花梨木、白花梨木。按照木材的纹理划分，其品质排序则为：黄花梨木、红花梨木、紫花梨木、白花梨木。

紫花梨木和红花梨木的纹理相对简单，颜色质朴、深沉，较适合制作如顶箱柜、书柜、博古架、八仙桌、架子床、大画案、供案、四出头官帽椅等体形较大、讲求稳重的家具，从而使家具显得庄重、典雅。若换用颜色明快艳丽、纹理丰富的黄花梨木制作，家具则会显得轻飘、零乱。因此，这类体型大的家具，用紫花梨木制作的价值要远高于用红花梨木制作的。而用红花梨木制作的价值又高于用黄花梨木制作的。

明代·黄花梨镶仕女粉彩插屏

长28.5厘米，宽18.5厘米，高40.8厘米

明代·黄花梨雕花小衣架
长66厘米，宽36厘米，高161厘米

　　黄花梨木的颜色明快、纹理丰富，适合制作交椅、圈椅、南官帽椅、中小条案、小圆角面条柜、罗汉床等轻松、活泼、趣味性强的家具，或如笔筒、笔盒、印盒、墨盒、镇纸、算盘、佛珠、官皮箱等文房用具、工艺品，能增添家具、文具或工艺品的趣味性和观赏性。此类家具或文具，若用黄花梨木制作，价值要高于用紫、红花梨木制作的。

　　上述所说，仅以花梨木种类的品质对家具价值的影响作为原则。至于花梨木的品质对每一件家具价值的影响，还要进行细致的考量。

　　近几年来，由于用花梨木制作的仿明清式家具逐渐成为有财力的人们追逐的家庭新奢侈品，花梨木的原材料及花梨木家具制品的价格暴涨，使得原已稀缺的花梨木原材料及花梨木家具更为奇缺。此外，由于许多购买花梨木家具的消费者对花梨木家具缺乏应有的了解，为一些投机取巧的不法家具制造商提供了可乘之机。这些不法家具制造商制造了许多劣质家具蒙骗不明真相的购买者。有的家具制造商原本应使用去净易虫蚀、易腐边材后的纯心材制作家具，却不去边材，将花梨木不分边材和心材统统用来制成家具，然后再用化学染料把白色的边材染成与心材同样的颜色。再者，一些家具制作商为了能制作出价格高、器形大的家具，就将小料经反复粘贴拼接成大料，制成大型家具。

　　用这两种方法制成的家具，乍看似乎并无"问题"，但几年后，要么会因为染料褪色后成为"大花脸"的家具，要么会因为花梨木边材受潮腐、虫蛀后成为废品，要么会变成一堆用各种小料堆粘成型的家具部件。在干燥、严寒的北方地区，家具甚至还会因材料之间不同的收缩比而炸开，瞬间变成一堆废木材。

　　或许，正是由于上述原因，目前用花梨木仿制出来的同尺寸、同款式的家具，价格却有着天壤之别。大家在购买花梨木家具时，不妨多留点心眼，仔细观察上述所说的情况，在未付款前，将已经选中的家具拿到阳光下检查一下，看是否有过多的堆粘痕迹，如果家具的底和面都打上了一层厚厚的蜡，不妨用砂纸将局部的蜡擦去，若露出白色的边材，还是敬而远之为妙。

明末清初·黄花梨嵌百
宝花鸟纹方角柜
长82.5厘米，宽50.5厘
米，高130厘米

黄花梨木纹理与家具价值的关系

天生丽质、纹理淡雅清新的花梨木有着隽永的美感，有着中国传统文人所崇尚的烟雨缭绕、行云流水、意境幽远的山水画卷之感，而且这种画卷是大自然创造出的独一无二的天然艺术。花梨木纹理在家具制作中的运用，要本着“小俏大素”的原则。所谓“小俏”，即小件型的家具，纹理越俏、越丰富，越会增添家具的观赏性和趣味性。而“大素”，则是指大型家具要素，素则雅、沉稳，花则乱。遵循此原则制作的花梨木家具，价值较高；反之，价值较低。

西方人将花梨木喻为“曾经被上帝亲吻过的木材”。人们之所以喜爱它，是因为它具有美丽、清晰、色彩绚丽、极富动感、变幻无穷的自然纹理。这种纹理构成了海南花梨木的灵魂，是海南花梨木所独有的，其他名贵木材都不具备。不过，如何将花梨木纹理运用到家具的制作之中，却是非常讲求艺术的。应本着大趣、大雅的原则，忌大俗、大乱、大花。

清早期 · 黄花梨瘿木方盒
边长12厘米，高9厘米

清早期·黄花梨小书箱

长38厘米，宽21.5厘米，高14.5厘米

此件黄花梨书箱纹质细密优美，四角饰以卧槽平镶云纹包角，正面圆形面页，拍子作云头形开口，盒盖相交处起简练的圆线，起到防固作用，又增加装饰性。

花梨木的纹理与家具价值的关系体现在以下方面。

在花梨木的纹理中，花梨木"鬼脸"和花梨瘿木是最名贵、最稀有、最难寻的，也是价值最高的。自从明式花梨木家具成为时尚以来，花梨木"鬼脸"就是文人雅士们最喜爱的经典纹理，一直受到人们的追捧。带有"鬼脸"或花梨瘿木的花梨木家具，价值就会大增。如果"鬼脸"或花梨瘿木被刻意安排在家具的案面、桌面、门扇、椅子靠背等开脸显要的位置上，则家具的价值就是同类型家具价值的数倍。

被人们称为"狸猫纹"和"凤眼纹"的花梨木纹理，仅次于花梨"鬼脸"和花梨瘿木。这种纹理如果落在圈椅的扶手上、圈上、坐板的面框上，或是家具显眼之处，家具的价值就高。

被古人称为"天画"的花梨木行云流水纹，又称"烟雨纹"，似水墨山水画，似江南三月烟雨。要评判此类花梨木纹理的价值，就要用审视水墨画的眼光仔细观察。第一，看其纹理是属于具象型还是抽象型，具象型的纹理价值要比抽象型的纹理价值高。第二，看其纹理是否层次清晰、分明、富于渐变。第三，看纹理的流水、烟雨的动感是否强烈、生动。从艺术的范畴来看，此类形态的花梨木纹理，是大

清早期·黄花梨小方角书柜（一对）
长48.5厘米，宽42.5厘米，高30.5厘米

　　此对方角柜柜帽喷出，方材腿足线条利落清爽、平衡稳固。硬挤门式柜门，以格角榫攒边装独板面心板，选料极精，纹理优美，各具姿态，观之若行云流水。柜门上面页、纽头、吊牌灵巧而精致。柜内中段装抽屉。底枨下设刀牙板。此对小方角柜温润秾华，体态妍秀，可置书房存储书籍，颇增书香清致。

自然赏赐给人们，却尚未被人们挖掘出来的自然艺术的"金矿"，其价值有待估量。

　　总而言之，考究的花梨木大型家具，讲求的是家具各部位纹理间的和谐搭配，流动纹理和素雅纹理相配，素与雅相伴，动与静相随。而一些小型家具，如印章盒、砚盒、文具盒、圈椅、南官帽椅、官皮箱等，往往透过精致、雅趣的纹理，传达和寄托人们精神上所追求的理想意境。因而，此类家具的价值，更多地体现在趣致纹理的巧用和制作工艺的精致程度上，同时强调器物表面各构件连接之处的纹理相对接，从而使整件器物的纹理、颜色、风格相一致，浑然一体。

❖ 文化附加对家具价值的影响

家具的文化附加会对家具的价值产生一定的影响。

对于家具的文化附加，人们秉承着传统一贯的认识：在家具设计、家具制作的过程中，有名家、大家、文人的参与并具显著特征的，经皇家、皇族、名门、名家、望族使用过的家具并流传有序而且特征显著的，其附加值就会增加。这一点通常是针对明清时期制作的花梨木家具而言的。至于当今仿制的明式花梨木家具，若是名人、名家设计或监制的，其附加值就会成倍提升。

民国·黄花梨吴昌硕题"静观"匾
高44厘米，宽98厘米

❖ 艺术创作对家具价值的影响

家具的艺术性，对家具的价值起着根本性的决定作用。不过，艺术是各种因素相互作用以及创造性完美聚集的结果。所谓家具艺术，是指在制作家具的过程中，进行理性的思考设计，施以精湛的工艺，选择恰当的材料与家具造型进行搭配，巧妙地运用材料，对材料的特殊纹理进行搭配，并将不同颜色、材质的材料与家具造型相结合，同时衬托出家具中的各种线条、比例关系进行综合性的运用和处理。无论是对榫卯结构、雕刻刀法以及文饰图案的选择，还是家具整体的配合，

明末清初 · 黄花梨长方凳（一对）
边长46厘米，进深46厘米，高51.6厘米

或是将这些诸多因素进行组合，最终会达到和谐一致的完美效果。

如果用人对花梨木家具进行比拟，那么可以说，花梨木家具的造型犹如人之躯体，工艺犹如人之生命，比例犹如人之形体，挺拔犹如人之气质，润洁犹如人之精神，线条犹如人之神韵，纹饰犹如人之外衣，形制犹如人之品行，纹理犹如人之灵魂，质感犹如人之精髓。它们共同构成了明式花梨木家具的生命，同时也构筑了明式花梨木家具艺术的"精""气""神"。

同时，家具艺术也是对家具制作者的文化素质及其对明式家具内涵理解程度的综合考验。此种考验有助于家具制作者在制作明式家具时把握其中至关重要的因素：明式家具的神韵与灵气。

不管使用了多么名贵的木料，也不管制作时花费了多少精力物力，只要制作出的家具没有灵气，就如同人没有了灵魂。有灵气的家具，会让使用者感觉舒心，也会令观赏者赏心悦目。这点很难把握，却是决定制作出明式家具附加值高低至关重要的因素。在充分理解和把握

明末清初·黄花梨螭龙纹圈椅（一对）
宽59厘米，深45.5厘米，高98厘米

明式家具内涵的前提下，结合当代人的审美要求和个人的理解，是制作高附加值家具的根本途径。充分利用花梨木的自然纹理进行设计和制作，使家具更具人性和理性，这样制出的家具艺术性更强，价值自然也更高。

明末清初·黄花梨直后背雕鹰石图交椅
宽56厘米，深35厘米，高91.5厘米

✿ 材料使用量与家具品种的价值关系

　　制作经典明式花梨木家具所使用的花梨木，不仅具有稀缺性和名贵性，原材料价格还非常昂贵。此外，原材料的长度越长、材径越大、存放时间越久，价格也就越昂贵。也就是说，能制作经典明式大型家具的材料，价格也就越贵，而且，长料、老料、大料、宽板料还非常稀缺，难以寻到。这一特点，使得只能使用长料、大料制作的家具的价值，必定高于只需用小料、短料就可制作的家具。换言之，架子床的价值要高于罗汉床（榻）；罗汉床的价值要高于案；长案的价值要高于短案；独板案的价值要高于拼板案；用大板做桌面的价值要高于用小板做桌面的；大椅子的价值要高于小椅子；独板面家具的价值要高于拼板面家具；同尺寸、同款式的家具，拼板数量越少的，价值也就越高；用老料做的家具的价值，要高于用新料做的。

明晚期 · 黄花梨有束腰套环卡子花条案
长173厘米，宽52厘米，高84厘米

明代·黄花梨簇云纹马蹄腿六柱式架子床
长252厘米，宽156厘米，高222厘米

　　同时，由于现代人的居室生活仍然以客厅为中心，客厅不仅是接待亲朋好友的主要场地，也是家庭成员活动最为频繁的地方。用性价比来衡量，就决定了客厅家具要比书房家具的价值高，书房家具要比卧室家具的价值高。

　　客厅家具一般包括：大长案、长条案（超过160厘米以上）、中条案（120～160厘米）、小案、方桌、圆桌、半桌、罗汉床、交椅、圈椅、南官帽椅、四出头官帽椅、花几、香几等。

　　书房家具一般包括：书桌、画案、书架、博古架、书画箱、玫瑰椅等。

　　卧室家具一般包括：架子床、顶箱柜、条面柜。制作此类家具的花梨木奇缺，能够制作出的家具数量极为有限，可以称得上是可遇而不可求，因此，此类型家具的价格的绝对值是最高的，但性价比却最低。

❋ 家具外表木材颜色的协调与黄花梨木家具价值的关系

　　家具的整体颜色是否一致，对家具品质起着决定性的作用。花梨木的每根木材都不尽相同，即使是同在一片土地里生长的每棵花梨所出产的花梨木，颜色也不尽相同。而且，海南岛农家所出售的每一批次花梨木，都来自海南岛中不同的产地，这就使花梨木的颜色变得更加不确定。从而致使在制作花梨木家具时，家具外表木材颜色是否能达到一致，就成了制约家具品质的重要因素。因而就有了制作花梨木家具讲求"一木一器"的奢侈要求。

　　正因如此，外表颜色协调、整体一致的花梨木家具的价值，要高于仅迎面部位颜色一致的家具；家具迎面颜色部位协调一致的价值，要高于颜色整体不一致的家具。

清早期·黄花梨殿式佛龛
长119.6厘米，宽73.5厘米，高123.5厘米

清早期·黄花梨螭纹联二橱
长105.5厘米，宽58厘米，高82厘米

家具品相与家具价值的关系

正所谓"和谐统一，方显山河的完美"，明式家具的艺术成就主要体现在和谐适度的比例尺度，充满书卷气、尊贵典雅的家具风格上。明式花梨木家具之所以能够取得辉煌的艺术成就，最重要的原因就是，明式家具的创造者在制作明式家具的过程中，能够准确把握家具的尺寸与比例关系，并使之达到和谐统一。

相信亲身制作过仿制明式家具的人都有过这样的体会：按照《家具图录》中的尺寸、样式仿制出的家具，即使是同一款式，不同的人（工厂）制作出的家具的效果却截然不同。"多一厘则腴，少一厘则瘦。"制作放样的尺寸差之毫厘，家具的效果就谬以千里。要准确地把握明式家具的尺寸与比例关系，除了要求家具仿制者有长期积累的经验外，更多地则需要一些与生俱来对家具理解的天赋。

花梨木似乎与大自然有着某种神秘的联系，花梨木在锯开之后的纹理和质感变化是人们无法预知的，更是难以预料和控制的。要制作一件品质卓越的花梨木家具，不仅需要天时、地利，还需要人巧。很多工匠终其一生都难以遇见一件色泽、纹理、质感、完整俱佳的家具精品。

花梨木家具的制作不同于其他珍贵硬木家具的制作。花梨木家具的品质，除依赖于人的因素外，更多地依赖于花梨木自身的天然条件。花梨木家具制作的最高境界并非是破旧立新，而是因材施用。即通过对花梨木的纹理、色彩、大小、质感的巧妙运用，达到天工与人力浑然一体的效果，这其中大概也蕴含着古人对人与自然关系的朴素理解。

与用其他珍贵木材制作的家具相比，用花梨木制作的家具的品质受木材颜色、纹理和质感等诸多人不可抗拒的因素的影响。即使是同一位师傅制

清早期·黄花梨高束腰五足香几
面径45厘米，高70厘米

作的十把同样式、同尺寸、相同工艺标准的花梨木圈椅，每把椅子的视觉效果也都是不尽相同的，其美与丑的程度甚至会存在着天壤之别，让人无法捉摸。是美还是丑，主要取决于所用木料的树龄以及木料存放时间的长短。树龄越长、存放的时间越久，木料的质感也就越好。此外，家具的品质还与木料花纹动感的美丽程度、油质是否丰富、颜色是否沉穆一致、木材是否细润而无伤痕等因素密切相关。这一点与其他名贵木材有显著的区别，是其他名贵木材所不具备的。例如，用同一产地的紫檀木制作的家具，如果同一位师傅制作十把样式、尺寸、工艺要求相同的椅子，其品相几乎是完全一样的。

正因如此，明朝人在制作考究的花梨木家具时，会采用同一棵花

长191.5厘米，宽49.5厘米，高86厘米

梨所产的木材来制作一件家具，这在明式家具的制作中被称为"一木一器"。这是确保制作的家具颜色一致、纹理相协调最简单且最行之有效的方法。但对于当今而言，这一要求是极为苛刻的，现在早已不存在像明朝时期那样一棵能制作出一件家具的花梨木大材。

花梨木家具追求的是纹理和颜色的协调，此即其价值和魅力所在，也是追求"一木一器"制作花梨木家具的原因所在。如果花梨木家具的整体颜色不一致、纹理不协调，家具价值将大打折扣。

▨ 打磨效果对家具价值的影响

明清时期留传下来的花梨木家具的表面，多数无法展现出花梨木纹理的灵动和质感的诱惑。要么受使用年代长久和缺乏保养的影响，要么受制作年代对家具打磨要求的局限。

"一工，二雕，三打磨"道出打磨这道工序在花梨木家具制作过程中突显的重要作用。花梨木家具的打磨，是展现其灵魂的关键一步。

清早期·黄花梨大方角柜
长92.5厘米，宽48.8厘米，高191厘米

　　方角柜形制经典，造型优雅，以黄花梨为材。四根方材立柱以棕角榫与柜顶边框结合。硬挤门式柜门，以格角榫攒框装面心板，四块门板，一木对开，纹质华美，似溪山流水。铜质面页、纽头以及吊牌衬托的柜身秾华妍丽。柜身内部装一层屉板分隔上下空间，另设上下两层抽屉，抽屉脸铜制面页与吊牌保存尚好，透出浓郁的历史气息。另外颇有匠心的是柜子底枨下刀牙板铲地浮雕伸展的卷草纹，取代常见的光素刀牙板，为本来简练的形制增添了点睛妙笔，使柜身俊穆之余，又有秀雅清盈之态。

如果这一步做得不到位，或缺少了这一步，就无法展现出花梨木家具高贵的品质。

　　通过对花梨木家具精心细致的打磨，不仅能使光素家具的外表整洁、干净、顺滑，还能使家具的纹理更显清晰、色泽更沉稳，质感表现更为淋漓尽致。

　　打磨花梨木，不仅要求达到传统意义上犄角旮旯的利落、干净，腿脚、扶手、平面的光滑顺畅，雕花的刮磨干净、流畅，整体感觉明亮、利索，最重要的是，要让花梨木的精髓质感和灵魂般的纹理得到充分显现，从而展现出晶莹剔透的木质质感。毫无疑问，若能将花梨木家具打磨出通体圆润光泽、细腻平滑、质感通透、纹理清晰等明显的效果，除了能为家具锦上添花之外，还能提高家具的附加值。

❈ 黄花梨木的质感对家具价值的影响

　　花梨木的木质肌理具有光泽亮丽、细腻圆润的神奇质感。在经过人们长时间使用和触摸后，在光线的作用下，会出现若隐若现、或深或浅、晶莹剔透，犹如琥珀般的透明感，极其神奇，极具妙趣。这种神奇的质感，使其在原有圆润细腻质感的基础上，更增添了极为亲和的诱人魅力，从而构筑了海南花梨木的精髓。需要强调的是，并不是所有的花梨木都能产生如此神奇的特征。这种对花梨木质感的表述，仅仅是对花梨木中各种杰出质感特征的总结。这种奇特的质感特征，通常出现在家具上十分便于人们观察到和触摸到的位置，如案面的面板上，圈椅上的椅圈上，或官帽椅上的扶手、搭脑上，这种质感不仅会给家具增添无穷的欣赏乐趣，还会为家具增添极高的附加值。若多种神奇的质感特征同时在同一件家具身上出现，则该家具的价值会更高。

清早期 · 黄花梨官皮箱
长33.5厘米，宽32厘米，高25.7厘米
　　此件官皮箱平顶，门板与箱盖以花形面页相接，云头形拍子开口容纳纽头。门上饰方形委角面叶及双鱼形吊牌，两侧饰有弧形提环。箱下有座，正面挖壶门轮廓。此箱造型严谨，细节考究。

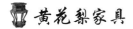

黄花梨家具的投资技巧

❄ 海南黄花梨的珍稀性和保值性

在 2004 年秋季艺术品拍卖会上，北京翰海拍卖有限公司拍卖的"清初黄花梨雕云龙纹四件柜"，创下了当时国内古典家具拍卖的最高价成交纪录，拍出了 1100 万元人民币的天价。

2010 年的上海世博会上，中国海南馆里展出的镇馆之宝，是贵宾厅里的一套明式黄花梨家具。这套仿古家具极具美感、沉稳大气，每一件都超过 50 万元人民币。

2010 年 6 月，海南省博物馆展出了两件黄花梨珍品，一件是独板制作的明式官椅，另一件是清代探花张岳松亲笔题字的匾额。有人曾经出价 450 万元想买下这两件珍品，被藏家一口回绝。

花梨木生长周期长，极难成材，且材质密实、韧性高、含油量大。只有海南花梨才是制作家具的顶级木料。由于其极为难得，故

清早期·黄花梨三弯腿香几（一对）
高98厘米

香几身形修长，造型优美，选用海南黄花梨精工而成。面圆起拦水线，沿部突起且上下压线，光素高束腰，膨牙披水，壶门式样，其上浮雕卷草纹，三弯腿，外翻足落于圆形托泥之上，托泥之下装有小龟足。

清早期·黄花梨万历柜

长110厘米，宽53.5厘米，高197厘米

　　万历柜整体分上格下柜，上格三面敞开，装卷云纹券口牙子，底框浮雕双龙捧寿。柜门对开，硬挤门，面板为一木所开的独板，硕大惊人，真正展现了古时考究的一木一器的做法。明合页，条形铜面页上装葫芦吊牌，底枨下装刀子牙板，直腿。

明清以来一直是皇家用材的首选，王公贵族争相效仿，从而使得原本就稀缺的海南黄花梨在数百年来几乎被采伐殆尽。因此，目前市场上几乎已经看不见用大材制作的家具了，即使有，也是少量用拆破的老家具拼凑出来的现代家具，这也是极为难得的，价格动辄上百万乃至上千万。海南黄花梨树非常稀少，20世纪前期，国

清早期·黄花梨螭龙纹圈椅
宽59.5厘米，深45厘米，高95厘米

  椅圈三接，两端出头，回转收尾圆转流畅。靠背板中央浮雕如意形纹，内饰朵云、螭龙。背板上端施以花牙，增加了装饰效果。扶手下联帮棍上细下粗，用所谓"耗子尾"做法。座面下攒装雕饰卷草纹的壶门券口牙子，曲线圆劲有力，沿边起阳线。左右两侧为起边线的洼膛肚券口牙子。前腿施脚踏枨，左右两侧与后方则安方材混面步步高赶脚枨。脚踏与两侧枨子下各安素牙条。此椅用料奢华，端庄大气。

家明令禁止采伐，只有小根的木材可以作为药材经营，因而更为珍稀。

20世纪80年代初以来，随着人们的文化意识、收藏意识的觉醒，海南黄花梨的价格一路飙升，人们似乎都已经认识到了这不可再生资源的保值性和珍稀性。一件取材老料的作品，有数百年乃至上千年的生长历史，又历经了贫困、战乱、火烧水浸、贼匪等磨难，数十或几百年来一直被保留至今，其价值自然极高。不过，幸运的是，这样的国宝，我们或许还有最后的机会把玩一下。

黄花梨是属于东方的、中国的、海南的，虽然生长周期漫长，生长环境艰难，却独树一帜，花纹旖旎妖娆，材质坚韧不屈，不虫不腐，不破不裂，这种成材艰辛中折射出中华民族的性格，以材喻人，物我对照，故深得人们的厚爱。

近十几年来，随着中国仿古家具的兴起，收藏作为家居陈设的古典家具已成为一种风尚，大量的仿古家具商急速增多，人们纷纷去海南购买小料和旧料，致使原料更为紧张且不断增值。

现在，很多家具商都前往海南采购，就连旧的农具料、门窗料几乎都被收购一空了，在这些家具厂商的仓库里，只能看到酷似山药的弯曲小料，能够达到胳膊粗的就算是大料了，由此足见海南黄花梨之珍贵。因此，现在市场上有家具商提出的用黄金换木材之说是真实的。

海南黄花梨资源已枯竭，所以人们把目光转向了生长在越南的黄花梨。在古代，商人是极有条件通过陆路前往越南采购木材的，因为相较于走水路去海南采购，这样的采购更加便利，而且，植物的生长不受行政区域划分的限制，因此，我们完全可以推断，中国古代制作黄花梨家具所用的木材其中一部分很有可能是出自越南的。

中国古典家具之所以深受世人的喜爱，不仅仅因为它在某种程度上具有家具的实用性，还因为它承载着中国数千年的木工文化。但无论是何种木材，只要使用得当，都可以将中国古代家具文化发扬光大。

✿ 海南黄花梨的市场价值

　　1千克的木头能够兑换40克的黄金？听起来这是一件很不可思议的事情，但确实就发生在我们身边。2007年，北京某红木家具公司推出了一个活动，主题是"黄金换木头"，主办方声称，无论是瘸腿凳子还是擀面杖，只要是海南黄花梨做的，就可以兑换黄金。1千克黄花梨木能够兑换40克黄金。虽然最终连一克黄金也未能兑换出去，但却令海南黄花梨一下子名声大噪，许多收藏者将关注的目光投向了海南黄花梨。

清早期·黄花梨雕龙联二橱
长115厘米，宽54厘米，高92.5厘米
　　黄花梨联二橱，面攒框镶板，小翘头厚实而婉转流畅，攒心面板，下承穿带。两条横枨以格肩榫交于腿中部，上设抽屉两具，下安对开门，中设立栓，铜插销固定。四腿粗壮，侧角分明。此橱面脸装铜质圆形面页及合页，手法夸张大气。加以外侧置壶门式雕龙挂牙，造型华丽。底部壶门式轮廓券口，浮雕卷草纹。

清早期·黄花梨三弯腿螭龙纹炕桌
长96厘米，宽61厘米，高31厘米

　　此件炕桌桌面攒框镶面心板，起拦水线，桌面下承以穿带，边抹见透榫。壶门式牙板铲地雕螭龙纹，边缘起饱满的"灯草线"，与腿足相接，连续流畅，三弯腿，足部制成卷云纹马蹄足。此炕桌选料精美，周身光素，造型古朴，线条有力。

　　三年之后，即2010年，作为中国拍卖公司中的领军者之一的中国嘉德国际拍卖公司举办了"明式黄花梨家具精品展"，六十多件明清时期的海南黄花梨木家具集体公开亮相，其中包括众多从国外漂洋过海而来的名贵古典家具精品。通过这次展览，海南黄花梨再次成为收藏界的焦点。

　　从2001年至2013年的十几年间，国际黄金的平均价格疯狂飙升。而比黄金更加疯狂的，则是被誉为"木黄金"的海南黄花梨。

　　这些年来，海南黄花梨的价格暴涨，1979年前后，收购价为每0.5千克4.5元；到了1992年前后，收购价涨至每0.5千克6元；2002年，均价涨到每0.5千克10元，2010年，海南黄花梨的价格翻了400多倍，飙升至每0.5千克4000～5000元。2013年，海南黄花梨每0.5千克的价格达到12500元左右，比现货人民币白银的价格高3倍多。

　　从2013年上半年国内部分著名木材的均价表上可以看出，与其他几种名贵木材相比，海南黄花梨的价格令人咋舌。

　　最近几年，直接影响海南黄花梨木价格上涨的，是以其为原木的一些成品。

　　例如，以海南黄花梨木做成的三件套皇宫椅，在2000年左右时，

清早期·黄花梨大书箱
长52厘米，宽20厘米，高29厘米

市场价为 45000 ～ 60000 元，而 2010 年的市场价格则翻了近 30 倍，达到了 130 万 ～ 180 万元。与价格上涨 400 倍的原木相比，30 倍的上涨幅度虽然并不高，但也已超过了许多人的承受能力。

实际上，早在明清时期，书籍中对于花梨林家具就有记载。在明代，一张黄花梨床值白银 12 两，而当时的一个丫鬟的身价还不到 1 两白银。换言之，一张黄花梨床的价格抵得上十余个仆人的身价，黄花梨家具的贵重由此可见一斑。时隔百余年之久，黄花梨再次进入大家的视野，深受藏家喜爱，这或许又是历史的一个轮回。在未来，海南黄花梨的价格应该只会继续上升，不会下降。

地域的限制只是黄花梨稀缺的原因之一。一棵黄花梨树在经过至少 300 ～ 500 年的生长期，才有可能被加工成家具，但并不是整棵黄花梨树都能够当作家具原材料，黄花梨树外面的边材部分为无气味、淡黄色的软质部分，深受白蚁们的欢迎，白蚁会用 3 年左右的时间咬蚀边材，当遇到有辛辣芳香气味且非常坚硬的心材部分时，就会停止咬蚀，心材部分就这样被保留下来，这就意味着，整棵树可用于家具制作的部分只有三分之一左右。漫长的生长周期以及可利用部分之少，更增添了黄花梨资源的稀缺性。而且，海南黄花梨的材质油韧细密，纹理瑰丽，摸起来温润如玉，还具有降血压和治疗心血管疾病的药用价值，故有"木材大熊猫"和"木黄金"之称。黄花梨家具的肌理花纹如行云流水一般，无须上漆，只稍稍打蜡就非常美丽；再者，黄花梨家具的线条明快、样式简洁、返璞归真，能给人以充分的想象空间。黄花梨之美毫不张扬，极为含蓄，符合人们的审美观，这也是中国文人所追求的境界。正因如此，海南黄花梨成为制作硬木家具特别是明清古典家具的首选木料。

黄花梨古典家具的优势独特、实用美观、做工考究、存世稀少，因而成为藏家们瞩目的焦点。

随着红木家具市场需求的逐年增长、原材料的日益枯竭，保守估计，未来红木家具的市场价格，年平均增幅将在 25% 左右。

目前，在各类红木家具中，海南黄花梨的市场价值是最高的，在未来几年，还将进一步上升。

清早期·黄花梨有束腰马蹄腿罗锅枨四屉方桌
边长94厘米，高86.5厘米

方桌以黄花梨制就，色泽沉稳，包浆浓郁。案面以格角榫攒边镶面心板。桌面底部设穿带支撑，冰盘沿打洼做，至底部起线，可见透榫。束腰与牙板一木连做，牙板光素，不作任何雕饰。四面各做抽屉一具，布陈巧思。牙子以下设方材罗锅枨，齐头碰与方材腿足相接，足端兜转巧致的马蹄足。

❊ 海南黄花梨的价格

　　20 世纪 70 年代，海南黄花梨每千克的价格为 0.1 ~ 0.2 元；2007 年，海南黄花梨的价格上涨，10 厘米粗的圆木每千克价格为 3500 元，40 厘米的木板材每千克价格为 18000 元；2011 年，海南黄花梨 40 厘米木板材每千克的市场价升至 35000 元左右，直径 10 厘米的圆木每千克价格为 5000 元左右，雕刻用的树头则卖到了每千克 4000 元的高价。一张好的、有年代的供桌或书画桌，市场价则为 300 万元人民币，一堂（八椅四几）清代太师椅清代的市场价为 400 万元人民币。2013 年 3 月 21 日，在纽约佳士得举行的拍卖会上，一件黄花梨架几案的拍卖价为 900 多万美元，折合人民币 5400 多万元。

清代·黄花梨诗文笔筒
高12.4厘米，直径10厘米

清代·黄花梨书盒
长36.5厘米，宽21.5厘米，高18.7厘米

　　书盒以黄花梨为材，周身光素，尽显黄花梨纹质之美。方形面页和拍子兼具装饰性和实用性，两侧设提环。整器造型规整，包浆莹润，纹理美观，颇为古雅。

　　由此可见，海南黄花梨的价格真是一日千里，如日中天，难怪被誉为"中国的国宝""世界最贵的树木"。

　　黄花梨的价格是由木料的大小、纹理、密度等因素决定的。据2011年的数据显示，黄花梨的市场价从每0.5千克200元至2万元不等；一般的碎料价格都在每0.5千克200元左右；可以用来加工成佛珠、家具的料，平均价格都在3500元以上；大点的板料，每0.5千克的价格达上万元。2013年，由于原料短缺，市场上能见到的基本是海黄小料和碎料。即使如此，海黄碎料的价格与2012年同期相比，也上涨了15%左右，好一些的碎料每0.5千克的价格可达400～500元。

　　至于正宗的海南黄花梨，按2013年的市场价来看，直径15厘米、长100厘米的老料，每0.5千克的售价为4000～5000元；直径超过20厘米，长100～150厘米的老料，每0.5千克的售价为1.2万元；直径25～30厘米的大料，每0.5千克的价格为1.5万～2万元。真可谓是"一木一价"。

❄ 海南黄花梨升值的因素

用海南黄花梨制作的家具，不仅是木材家具中的精品，更是收藏家眼中的奇葩。到底是什么原因致使黄花梨的价格不断攀升呢?

据业内人士介绍，1998年，内地的一些单位和专家开始关注海南黄花梨，而海南花梨木被爆炒则是由少数炒家引发的。2004年，少数上海、北京等地的买家来到海南，不惜花费巨资收购海南黄花梨木。海南收藏者大为震惊，从而纷纷加入抢购收藏黄花梨木的队伍。

2005年，海南黄花梨家具被炒家炒作，价格迅速被拉升，市场上充斥着"收藏论""投资论""原料的稀缺论"等各种言论。当年，消费者一度认为，倘若不抓紧时间购买黄花梨家具，将有可能丧失享受这种稀缺商品的机会。

清代·黄花梨盝顶官皮箱
长25厘米，宽18厘米，高26厘米

　　此件官皮箱门板木纹美丽，边角皆施以铜条包角，云头形拍子开门纽头，门上饰圆形面页及吊牌，两侧装有弧形提环，设抽屉四具，面页吊牌保存完好。此官皮箱形制规整，造型简练不加雕饰，结构严谨，精研厚重。

清代·黄花梨笔筒
高16厘米，直径18厘米

此笔筒取黄花梨材质，圆筒形。整体光素，木纹精妙。敞口平足，整体造型端庄大气，而不失文雅。黄花梨制笔筒，为了充分展现黄花梨木质纹理的自然之美，常常不饰雕刻，故光素者为多，素雅中透出文雅之气，方为上品。

　　而当时的一些家具商，甚至采取非常极端的方式进行炒作，故意用高出原来卖出价格的数倍价格回收海南花梨木，从而使消费者形成"投资花梨木可以赢得数倍价值回报"的观念。等这种手段用过之后，一些家具商又推出了用黄金回购海南黄花梨家具的方法，从而巧妙地将花梨木与黄金画上了等号。

　　2007年至2013年，在经过新一轮的炒作之后，海南黄花梨的价格再度攀升，达到了天价。

▩ 黄花梨价格的市场走向

　　目前，黄花梨已被列为国家重点保护品种，正所谓"成树容易成木难"，由于产量稀少，在市场上，黄花梨的价格仍处于较高的水平。那么，黄花梨的价格的市场走向如何？再过些年，黄花梨的价格还会

清代 · 黄花梨长方书箱
长36.5厘米，宽17.5厘米，高11.5厘米
　　此长方书箱做工精细，每有边角皆包红铜，百年传承，木色暗红，包浆莹润，更显稳重。

上涨吗？

　　首先，我们得承认目前黄花梨市场的火爆程度，厂商、投资者以及消费者对这一名贵的自然造化都极为热衷。从总体的市场趋势来看，由于各种黄花梨木始终处于供不应求的状态，因而会呈现每年翻倍增长的趋势。况且，由于资源匮乏、物种稀少，相信黄花梨木永远都不会失去如此之高的价值。

▨ 黄花梨投资技巧

　　下面介绍一些黄花梨木的投资现状和投资技巧。

1. 了解黄花梨价值要素

　　如今，业内人士将黄花梨，尤其是海南黄花梨，称作"疯狂的木头"。

　　原木的疯狂很快传导至成品市场。数年前，一套黄花梨家具卖到数十万元已是天价，现今卖到上百万元也不稀奇；而黄花梨木雕，动辄数千元甚至上万元，更是受到"木痴"们疯狂追捧，只要有货，一律疯抢。

业内人士认为，这主要和越南的政策有密切的关系。当地明确规定，严禁砍伐红木树种，其中包括黄花梨。而在黄花梨这一品种中，品质最好的，除了市场上几乎绝迹的中国海南黄花梨之外，就是越南黄花梨。

由于花梨木的出口量太大，资源损耗严重，越南大幅度提高了出口红木家具的关税，将原来每千克的 5.5 元关税，增至每千克 14.5 元，这一关税标准只局限在草花梨、红酸枝等品种；越南黄花梨家具的关税则更贵，每千克高达 100 余元。正如著名经济观察员马光远所说："黄花梨的疯狂，最主要还是因为它的稀缺性。"

2. 中国游资赴越南"赌木"

继赌玉、赌石之后，又出现了一种更为刺激的"赌木"。中国的"越梨"投资者为了得到好木材，

清代 · 黄花梨亮格柜
长49厘米，宽23厘米，高111厘米

黄花梨为材，规格小巧，形制独特。这种造型当是由明代万历柜变通而来。由两亮格、两暗格和一暗屉组成，下承四条内弯腿。装饰草龙纹和缠枝花卉。

清代·黄花梨案上书柜
长32厘米，宽24厘米，高43厘米

不惜远赴越南原产地"赌木"，一旦赌中，收获将极为丰厚，价值可翻几倍到几十倍。

有藏家说："赌木也是不久之前才冒出来的，跟赌玉、赌石有点相似，但风险和难度没那么大。"藏家之所以喜欢黄花梨，主要是由于黄花梨的木纹比较独特，如有水波纹、鬼脸等。但并不是每棵黄花梨树都有这样的木纹。

即使是同被称为越南黄花梨的原木料，由于产地、品质的差异，价格也有很大的差别：最便宜的每吨只有二三十万元，最贵的越南黄花梨原木每吨则达 200 万元左右。廉价的越南黄花梨一般是树枝、树根部分。到底是能买到粉丝还是鱼翅，就要靠买手的运气和经验了，正因如此，才有了"赌木"之说。

越南方面允许买手直接进入林区选材。据悉，"赌木"的价格要比砍下来看到纹路的黄花梨原木便宜三分之二左右。许多新入行者喜欢这样买木料。

据统计，大部分参与"赌木"的都是新入行者，许多老行家并不参与，只是看看热闹而已，因此，这种赌货只占原木交易量的1%。不过，近年来，"赌木"交易异常活跃，估计占了交易量的2%～3%。

"另外，游资也非常厉害，他们为了降低风险，高价聘请了很多有丰富经验的买手，以往看一块木料只有一个买手，如今有两三个帮眼。"另外还有精算师在一旁做参谋，对树进行估价。

行话有云："未算买，先算卖。"做板材的料体积要够大，不可以有裂纹，原料若无裂纹，每棵60厘米粗的树能够开出10～15块板材。这些都需要凭借经验进行判断。

近几年来，由于高档红木家具的价格屡创天价，越来越多的民间游资开始进入原木领域。大量资本涌入之后，民间红木收藏者出手愈加猛烈，不仅有到越南"赌木"的，还有到越南"赌房"的。越南的黄花梨为红木中的极品，许多投资者都从"赌木"进入到"赌房"，到越南购买老式的木制民居。

清代·黄花梨条桌
长106厘米，宽52厘米，高85厘米

周身光素，造型标准规整，攒边框镶板心，桌面光素，冰盘沿下带束腰，四腿间置罗锅枨，起到加固桌身的作用。长直方腿，内翻马蹄足，此桌黄花梨纹质清晰自然，尽显黄花梨木质纹理的典雅华丽。

3. 警惕"越黄"冒充"海黄"

"海黄"，也就是海南黄花梨；"越黄"，即越南黄花梨。在黄花梨品种中，品质最好的是中国海南黄花梨，堪称黄花梨中的绝品和极品，现已几乎绝迹，其次是越南黄花梨。但"海黄"与"越黄"的价格差距巨大，同一款式的"海黄"与"越黄"家具，价差最高时的比例，接近1：10。

越南的黄花梨有南料和北料之分，北料的颜色较深，油性足，所处的经纬度与海南相同，故与海南黄花梨极为相似。即使是专业人士，在深入检测之前，也无法准确判断。

中国林业研究院花费了两年的时间制定的、于2000年发布的《国家红木标准》中，规定了5属8类33种木材制作的家具可被称为红木家具。该标准中所列出的红木材料都是目前市场上存在的，并且在古

清代·黄花梨四出头官帽椅（一对）
长66.5厘米，宽56厘米，高116厘米

官帽椅为西部油梨材质，包浆温润，纹理细腻。较之普通官帽椅不同，此对官帽椅搭脑中部凸出幅度较高，两端灯挂尾部上甩，给人一种威严的气势。靠背板光素无饰，座面四边打眼镶藤，席心稍有脱落。四腿外圆内方，下安步步高赶脚枨。

清代·黄花梨南官帽椅（一对）
长52厘米，宽41厘米，高86厘米

代红木家具中曾经使用过的木材品种。越南黄花梨由于和海南黄花梨的物理属性相近，也在标准之列，被称作香枝木类降香黄檀树种。但其中并没有最为名贵的海南黄花梨，制定该标准的主要负责人曾透露，当时，在实际考察时，发现市场上已经没有海南黄花梨了，故未将其列入标准。

据海南黄花梨大师王世襄先生介绍，如今，除真正的古董外，所有的海南黄花梨交易都处于"灰色地带"，从严格的意义上来说，都是属于非法的。据海南林业部门的人士称，依据《中华人民共和国野生植物保护条例》《中华人民共和国森林法实施条例》认定：至今为止，海南省没有批准一家有加工野生黄花梨资质的加工厂；没有批准一家有权交易海南的野生黄花梨的木材交易市场；也没有批准一家合法直接从海南野生黄花梨树种上进行采集的种植户。

我国著名的收藏家、红木玩家马未都表示，红木家具卖的既不是材料也不是产品，而是诚信和品牌。"不太懂行的消费者就应当到诚信经营的厂家购买家具，这样的厂家会如实地告诉你买的家具是用什么材料制作的。"

❀ 购买货真价实黄花梨的要点

如今，在红木市场上，黄花梨相当走俏，不过，现今假冒伪劣产品横行，如何才能买到货真价实的黄花梨呢？笔者总结了如下十个要点，供广大爱好者参考。

一要"闻"。用鼻子细闻，有淳厚的香味，但是属于辛辣香，嗅觉灵敏的还能闻出一些酸味。

二要"尝"。用舌头品尝，有微苦的味道。

三要"望"。仔细观察，看纹路是否流畅，新料打磨之后，纹理美观清晰，视感极好，有蟹爪纹、麦穗纹，纹理或隐或现，生动多变。

清代·黄花梨雕螭龙纹玫瑰椅（一对）
宽59厘米，深45厘米，高85厘米

此椅在搭脑、后腿及靠近椅盘的横枨打槽，嵌装透雕花板。正中图案由"寿"字组成，两旁各雕螭龙三条，长尾卷转，布满整个空间。花板下饰卡子花与椅盘连接。扶手下安花牙。椅面藤编软屉，椅盘下置拐子纹牙子。腿足间设步步高赶脚枨。

清代·黄花梨插屏

长61厘米，宽34.5厘米，高88厘米

　　黄花梨板浮雕"鹌鹑菊花宜男草"，背面浮雕博古纹，外面攒边成屏面，长方形立柱上端以束腰仰覆莲纹为饰，在两片镂雕夔纹护牙的扶持下，植入云纹盘牌形的腿足上，镂空雕刻不断回纹的横板，上下由两个帐条夹住，与立柱相连接，下方前后裙摆形牙板加固，立柱上端有槽，用来把画屏插上。画屏中的鹌鹑和菊花，谐音为"安居乐业"。"宜男草"又称"萱草"。萱者，古人称母亲，宜男则能生男孩，古人用来祝福之语。

清代·黄花梨石板小插屏〔一对〕
高26厘米

　　插屏的竹节扁柱有攒牙扶持植入墩腿，两柱之间，枨木中镶镂空不断纹横板，其下方前后由两片流云纹牙板组成，插柱以竹节纹为饰，内留空槽，以便石屏插入，石屏上有天然彩色花纹，内花梨木攒边，备好插头，以便插入屏架。

四要"摸"。黄花梨气干的密度大于或等于 0.76 克每立方厘米，木质的硬度高，摸起来手感较好，粗而不刺，并且能感觉到油性，摸后手上余香萦绕。

五要"泼"。用小刀削下一些碎末，将其放入一个杯子，用滚烫的开水泼上去，会散发出浓浓的香味。

六要"色"。黄花梨心材的颜色深浅不匀，有红褐色至深红褐色或紫红褐色，时常带有黑褐色条纹，其边材呈浅黄褐色或灰黄褐。

七要"找茬"。看有些黄花梨面上的"鬼脸"是否刨平。"鬼脸"是黄花梨在生长过程中结疤所致，它的结疤与普通树有很大的区别，无规则，并呈现美丽的图案。但并非所有的黄花梨都有"鬼脸"。众所周知，海南黄花梨的"鬼脸"就是海南黄花梨木的结疤。一定要将其与树木的年轮区分开。另外，需要说明的是，"鬼脸"并不是海南黄花梨所独有的，任何木材都有。海南黄花梨的"鬼脸纹"，是大自然的恩赐，是海南黄花梨的奇特风姿。另外，海南黄花梨木的"鬼脸"，纹理清晰，色泽鲜艳，有一种浓郁的香味。

八要"问"。若对方说自己有大量的海南黄花梨工艺品，而且是全新的，那你就要提高警惕了。因为海南黄花梨早被列为国家二级保护植物，国家早就不允许进行砍伐了。

九要"刨"。黄花梨木的突出特性是具有很强的韧性及很小的内应力。它不像红木那么脆，木匠在施工时极易辨识。在刨刃口极薄的情况下，红木只有碎片般的刨屑，只有黄花梨木能够出现呈弹簧形状的长长的刨花。

十要"纯"。黄花梨家具上不应当有铁钉。由于黄花梨材料的珍贵及其极大的强度，上等的黄花梨家具及工艺品的生产制造，就像玉器的雕琢一样，需要精雕细刻。木榫结构的黄花梨家具绝对不可以有铁钉，而且只有制作功底相当深厚的艺人才能够完成。

明式花梨木家具的价值

由于材料的稀缺、质地的优美，明式花梨木家具与玉器的价值都具有不受年代影响、只受器物自身的品质影响的特点。

在我国传统艺术门类中，明式花梨木家具是最年轻的一族，人们对其知识的了解和掌握还相当欠缺。明清家具作为艺术收藏品的时间很短，从兴起至今只有短短二十余年，与有着千百年历史的书画、瓷器收藏史相比，它的确是太年轻了。现今，人们对书画研究已达到了很高的水准。而要对明式花梨木家具的价值进行评定，不仅涉及木材的品质，还涉及其制作的年代，对艺术的传承、造型、工艺水平、人文附加、艺术造诣等诸多问题，而这些问题中的一部分虽然已得到解决，但仍有许多问题尚待人们去思考、探索、分析和解决。

家具出产的年代，是奠定家具价值的重要基础之一，向来是收藏者首要关心的要素。人们现

清早期·黄花梨龙纹镜架
长40.5厘米，宽42厘米

明末清初·黄花梨圆角柜
长87.3厘米，宽47厘米，高125.4厘米

清早期·黄花梨高束腰可拆卸棋桌
边长91厘米，高85厘米

在给家具断代的方法颇多，通常所用的方法有：家具纹饰、造型留下的时代特征，不同年代运用榫卯结构的特点，家具木材老化的程度，家具表面由于年代久远而沉积下的木材表面包浆等。

众所周知，明式家具产生于公元16世纪明朝的中晚期，但在随后的17世纪的清早期依旧在生产，时至今日也仍在生产之中。不同时期生产的家具，必然会留下极为明显的时代特征，这点已被人们认识和掌握。但是，不能仅凭这一点给家具断代。这是因为，家具的时代特征有时很具体、很明显，但有时又非常模糊，此外，还有后人延续前朝家具的特点、风格继续生产。这就为家具准确断代带来了诸多不确定因素。因此，还要对家具表面长期使用所留下的包浆进行考察。

在人们的触摸与岁月的共同作用下，家具的表面会留下一层像油漆似的发亮的物质，这种物质通常被人们称作"包浆"。这层包浆会使家具的表面更具欣赏性，同时，随着时间的推移，人们对家具的不断使用和触摸，包浆就会越发显得柔亮、沉稳。因此，这层包浆也就成了人们考察家具出产年代的重要依据之一。

不过，需要注意的是，在某些特定环境下，家具不会由于制作年

代的久远而产生明显厚厚的、发亮
柔润的包浆。第一，如果家具得不
到人们正常使用的触摸，无论存在
的时间多么久远，也不会产生包浆，
这一点可以从古建筑里人手触摸不
到的大梁及其他建筑构件中得到印
证。第二，即使家具原本已有了包
浆，但如果长时间受到周围环境中
非常严重的潮湿影响，或受到水
浸，或受到阳光长时间的照射，家
具木材表面的包浆就会脱落或被氧
化掉。在这种情况下，家具木材表
面的老化程度就成了考察家具出产
年代的一项重要参考指标。在有氧
环境下，任何物体都会受到氧化的
作用，家具也不例外，此即物体老
化的根本原因。家具在生产出来之
后，长期放置在不同的环境下，家
具老化的程度也就不同。如果放置
在比较潮湿的南方地区，表面老化
程度快；如果放置在比较干燥的北
方地区，家具表面老化程度就慢。
在南方潮湿地区，尤其是在花梨木
的故乡海南的潮湿环境下，家具使
用 60 年的表面老化程度，与北方
地区使用 200 年以上的老化程度相
当。这种情况的出现，给家具年代
的界定带来了不确定的因素。

　　上述这些因素，不仅为家具断
代带来了困难，也为辨别制作家具

清早期·黄花梨龙纹格架
长98厘米，宽48厘米，高177厘米

清早期·黄花梨玫瑰椅
宽56厘米，深43厘米，高84厘米

的材料到底是越南黄花梨木还是海南黄花梨木带来了困难。

　　家具鉴定这门学科形成的时间较短，积累下来的鉴定古典明清家具的知识和经验较为欠缺，同时，家具所处在的环境不同，家具使用的方式不同，家具保管的条件不同，家具制作的风格、特征近似等诸多因素都会影响对家具年代的判定。因此，如果要掌握上述几种最基本的鉴别家具的方法，首先必须要有亲身见过各个年代、各个时期、各种环境下家具的经历。正如俗话所说："见多方能识广。"但是，当今能够供人观察到的明代、清代以及各个时期制作的明式花梨木家具，可以称得上是凤毛麟角。这无疑给人们对历史上遗留下的古典家具进行准确断代以及对这些家具所使用的木材产地的界定带来了困难。需要探索之路还相当长。

　　现在，由于社会上明代及清早期的明式家具非常匮乏，且价格昂贵，同时收藏者对明、清时期明式花梨木家具的各种知识缺乏深刻的了解，所以市场上出现了很多为牟取暴利而"作假"的家具，这就令准备购买明式花梨木家具的人产生了困惑。因此，现在家具收藏市场上出现一种新倾向，家具收藏者开始将收藏的注意力转向当今用海南花梨木以及印度檀香紫檀木制作的仿明清式家具精品。这种倾向在古典家具市场上呈逐步上升趋势。

清早期·黄花梨画箱
长86厘米，宽48厘米，高38厘米
　　此画箱以黄花梨制就，形制硕大。全身光素，黄花梨色泽温润，纹理似晕染之感，正面方面页，拍子云头形，两侧面安提环。

现今，一些制作高仿明清式家具的厂商由于了解、掌握了花梨木的特性，运用了木材打磨、抛光、上蜡的特种技术，生产出来的高仿明式花梨木家具比例尺寸适度、造型典雅，而且，海南花梨木特有的质感和纹理一展无遗，花梨木与明式家具真正成了绝配，从而再次充分释放了海南花梨木这一卓越极品傲里拔尊、无与伦比的魅力。

历史上所遗留下来的明式花梨木老家具，其价值主要体现在原创性、选用材料的开拓性、传统文化的传承性以及文化元素的多元性等方面。而现今制作的明式花梨木新家具，其价值更多地体现在材料易于辨认的真实性、制作工艺不断创新的完美性、不断纠正的改良性、重新挖掘的传承性以及被赋予的新时代气息等方面。

20世纪80年代以来，随着国家经济发展，传统文化复兴被迅速地带动起来，尘封多年的各种传统元素符号逐渐出现在人们的日常生活中，国内掀起了收藏明清家具的热潮，但由于市场上缺少真正的明清时期的古典家具，北京、苏州和广州等地出现了许多"高仿明式家具"和"高仿清式家具"的生产厂家及收藏队伍。

日常生活中，人们在选购高仿明清家具时，时常会发现两种非常显著的现象。

清代·花梨嵌汉白玉圆台

高38.5厘米，直径79厘米

其一，家具的价值并不能只用年代和材料来衡量，齐白石、徐悲鸿、傅抱石、张大千、吴冠中、陈逸飞等近代杰出大画家的字画价格昂贵，每幅在艺术品拍卖会上成交价多则几百万元、上千万元，少则几十万元人民币，难道我们能简单地用纸、墨的成本以及年代的近远来衡量它们的价值吗？

其二，有些购买家具者听说海南花梨木家具和紫檀家具非常稀缺，极为尊贵，一旦在市场上或收藏家手中发现了这两种家具，不管价格，无论好坏，就出高价抢购。这种做法是非常错误的，举例来说，顾景洲制作的紫砂壶，每把在市场上能卖到几十万元人民币，但我们不能只要见到用紫砂泥制作的壶，就不惜血本，花费几千元甚至上万元去购买吧？

上述两种现象有一个共同的特点，即仅简单地以木材来衡量家具的价值。两者的区别是：前者以木材的"多少"衡量价值；后者则以木材的品种衡量价值。这两种做法都有待商榷，望广大收藏者借鉴。

明清式家具也像瓷器一样，高端的"作品"早已从实用价值转为了欣赏价值。因此，在衡量当代制作的明式花梨木家具的价值时切忌

清早期·黄花梨树瘤大笔筒
高13厘米，直径14厘米

笔筒取整段黄花梨挖制，材壁宽厚，木质坚密细腻，木纹自然挥洒，纵意流畅。整器取意自然形态以及天工造化，此等制法正是契合了文人思想，虽陈于书斋之用，但可凭想千里之外，获取万物之本灵，浑然天成。

清早期·黄花梨上格券口亮格柜
长93厘米，宽48厘米，高173厘米

此柜形制娇巧，包浆莹润。亮格与柜子可拆分。上格后背装板，三面壶门式牙子，牙子饰卷草纹，边缘起阳线。亮格以下为装铜合页的板门，以四面平造法制成，平整简洁。

清早期 · 黄花梨有束腰霸王枨方桌
边长89厘米

　　黄花梨方桌，桌面以格角榫攒边平镶面心，冰盘沿，束腰开光炮仗洞，下有托腮，牙板无饰，边起阳线与腿足相交，为固定，下安霸王枨，面底披麻挂灰，直腿内翻马蹄。整器简洁不施赘饰，结构坚固，置放厅堂中较为雅观。

单一化、简单化，应从多角度、多层次去观察、分析和思考其价值所在。

　　人们应当注意到，现今仿制的明清式家具并不是历史的简单重复。时至今日，距产生明式家具时的明朝以及产生清式家具的清朝，短则二百多年，长则四百多年。今日的家具生产规模已非昔日能比，现今制作高仿明清式家具的行业已发生了根本性的变化。

　　首先，人们的审美观发生了根本的变化。与古人相比，现代人的视野开阔，整体的文化素质大大提高。历史上的精品家具，不是在高墙大院的高官富贾、皇亲国戚的家里，就是在皇宫里，人们很难一见。可现今是信息时代，人们可以通过多种渠道获取古典家具的信息，如博物馆、电视、广告、互联网、家具专刊、书籍……实物、图片应有尽有，为人们认识、了解明清家具提供了可以借鉴的实物和样式。

随着科技的发展，现代家具的仿制技术手段已发展到应用数码相机成像，电脑随之进行三维立体成像并出图。这种图纸不仅可以将原家具的全貌立体地展现出来，而且还能够按1∶1的比例剖析出家具各部位的立体分解图，这就为仿制古典家具提供了科学而准确的数字依据，并能以此对仿制家具进行指导。这种技术手段能使仿制家具更加准确，并能克服原件中某些部位细微的缺陷。

其次，当代制作家具的工人与过去的木匠大不相同。第一，随着社会的进步，当代制作家具的工人都具有一定的文化水平，审美水平也较高，这能帮助他们

清早期·黄花梨素工笔筒
直径19.2厘米，高18.5厘米

该笔筒由黄花梨制成，圆口直樽式，深腹，腹内空净。整体空净，凸显文人雅士书作时心境之平和、纯净，文绮雅致。

清早期·黄花梨大炕桌
长99.6厘米，宽66.5厘米，高30厘米

炕桌是古典家具中较常见的品种，大多见三弯腿、香蕉腿形式，直腿明式黄花梨炕桌则比较罕见。桌面格角榫攒边打槽平镶三板拼接面心。边抹冰盘沿自中上部向下内缩成凹槽，再向下内缩至底边起线。无束腰，壶门牙条边缘起阳线与腿足交圈，牙条浮雕卷草纹。方腿内翻马蹄足，雕饰螭龙纹。制作雕刻工艺精致，纹饰生动有力，表面包浆保存完好。

清早期·黄花梨四面平式条案

长118.5厘米，宽55.5厘米，高80.5厘米

　　四面平为中国古典家具中的一种重要形式，只是存世较少。此条案由黄花梨木制就，桌面攒框镶板，拱肩直腿，腿下内翻马蹄足，四腿间攒接曲尺横枨，横枨上施矮老。条案装饰简洁，线条有力，形制大方，颇有古风，值得重视。

在家具生产中辨别出美与丑。第二，他们彻底改变了过去的手工艺传承方式。昔日，手艺是工匠唯一的谋生手段，因而形成了封闭式的手工艺传承方式：家族手艺不外传，父传子、子传孙。这种传统的手工艺传承方式由于缺乏交流，极度封闭，从而局限了手工艺的发展，已远远不能适应社会的发展。现代的工人流动性大，今年在广州做工，明年可能在苏州做工，后年或许在北京做工，这样就带来了手工艺的相互交流。即便是在同一个工厂里工作的工人，也都来自五湖四海，在自觉与不自觉中进行手工艺的交流，从而为提高工人的手艺提供了便利与可能。第三，随着工业化的发展，机械化生产已渗透到仿制古典家具的生产行业中。原来的手工拉锯被电动锯取代，手推刨被电动刨取代，手工凿孔被电动打孔机取代，手工打磨被电动打磨机取代，锣机的出现使加工家具圆形部件变得更加简单。这些新工具的出现改变了过去纯手工操作的状况，降低了工人的劳动强度，提高了生产率，同时也提高了产品的精确度：直、平、弧、圆、角等，样样准确，从而为提高家具制作的完美性提供了精确的手段。不过，由于制作明清

清早期·黄花梨五抹隔扇（四件）

宽46.5厘米，高221厘米

　　一般隔扇门大多为杉木所制，此例则以珍贵黄花梨为材，制作考究，雕刻极其精细，榫卯严谨，双面有工，刀法婉转流畅，具有官制皇家风范。四扇以铜钩纽连接，五抹四格。屏心用短材以十字连缀的图案攒接四簇云纹，数百榫卯完全一致可互换，整体有插销与框架链接，可拆卸，以方便四季气候变化。正面屏心下镶一浮雕博古纹。下加浮雕拐子龙纹、博古纹裙板，背面屏心上下各镶一浮雕寿字和双螭龙纹涤环板。下加浮雕寿字裙板，底起亮脚，皆镶嵌如长边框及五边抹内的槽口。壶门线条的亮脚牙条双面浮雕卷草纹，边框及抹头接合处起阳线。

清早期·黄花梨万历柜
长101.2厘米，宽41.3厘米，高180.5厘米

　　万历柜为黄花梨木制。齐头立方式。上部、中部三面开敞，正中镶双龙纹券口牙子，两侧安方胜形绦环板。下部对开两门，落堂镶平素板心。两腿间安直牙条，方腿直足。整体造型质朴，几无雕饰，因而更显出黄花梨木的材质、色泽、纹理美不胜收。亮格柜单层为多，双层存世极其稀少，常让人有眼前一亮之感。此亮格柜用料精良，保存完好，是不可多得的收藏佳品。

式家具工艺的复杂性、特殊性，至今，机械工具也只能完成整个生产工序的60%，剩下的40%是中国古典家具制作中的精髓部分，是机械生产无法替代的，需要手工完成。

　　商品经济的发展，竞争环境的加剧，彻底改变了经营者夜郎自大、故步自封的思想。他们不断地学习、借鉴、交流、提高、完善，取他人之长补己之短，并充分发挥自己的强项，使得古典家具艺术发扬光大，并更加完善、完美。

　　然而，机械化、科技化辅助生产下的仿古明清家具，也为不法商人造假提供了便利。近期，由于高仿明式花梨木家具的价格暴涨和花梨木来源的奇缺，家具市场上出现了用低成本的"花梨木"制作的明式花梨木家具，这种"花梨木"是利用旋刨机械旋切花梨木，旋出仅厚1厘米的花梨木薄片，用其他低档次的硬木作胎底，然后再利用真空技术进行贴皮。用这种手法制作出来的"花梨木家具"，与传统用包镶法制作出的花梨木家具有天壤之别。传统包镶法制作的花梨木家具所使用的花梨木有一定的厚度，通常厚6厘米以上，胎骨通常用软木，既能增加重量，又能起结构支撑作用。同时，花梨木表材与胎骨彼此间留下了少许空隙，并非全部紧贴，以防热胀冷缩造成破坏。而利用现代真空技术、机械技术生产出的"夹板式花梨木"有诸多缺陷：其一，缺乏相应的技术作指导；

清早期·黄花梨四面平八仙桌
长98厘米，宽97.5厘米，高84.5厘米

　　此八仙桌由珍贵紫油香黄花梨打造。四面平为中国古典家具中一重要形式，存世较少。此桌形制较大，面棕角榫攒边打槽平镶拼接面心板。四条腿足与桌面大边拐角处安透雕拐子龙纹牙角，方正形式与整体风格协调统一。方腿内翻马蹄足。造型古朴，用料硕大，工艺精湛，包浆保存完好。

其二，使用贴面的花梨木木皮太薄；其三，为了增加重量，用作胎底的其他硬木的干湿度比、膨胀收缩比与用作贴面的花梨木木皮不一致，从而使得制作出的家具表面极易开裂。

　　另外还有一种高仿古典家具，不法商人为了提高"生产效率"、牟取更多的利润，完全将传统古典家具制作的榫卯结构抛弃，改用现代组合家具所使用的金属紧固连接构件，并加化学胶紧固。这种家具在刚生产出来的时候，表面不易看出破绽，只会偶尔在结构连接处看到补塞螺丝口所留下的补眼。但在使用一段时间之后，家具连接处就容易产生无法彻底修补的、非常致命的松动。就传统古典家具的价值范畴而言，用这种"现代技术"生产出的高仿古典家具是毫无价值的。谨请各位古典家具爱好者在选购家具时严加防范。

　　购买高仿明清式家具的人群，是有知识、有文化、有财富、有品位的群体，而且对中国文化充满热爱、对中国古典家具充满眷恋，这

清早期·黄花梨雕灯笼腿小桌
长107厘米，宽52厘米，高82厘米

就使得他们中的不少人不仅是古典家具的购买者，还是仿制古典家具的参与者。他们周游四方，将收集到的自己喜欢的家具式样带回来进行仿制，闲暇之余到工厂参与指导仿制，或一起研究磋商，或请来当代古典家具研究的专家进行指导。这些人群的审美水平较高，对仿制明清式家具的要求较为苛刻。正是由于他们的参与，中国传统古典家具艺术及工艺才得以继承并发扬光大。

正是由于上述多种原因，现在北京、广州、苏州一些古典家具生产厂家所仿制的某些类型的明清式家具，除了家具造型韵味的完美性和家具结构的科学性这两项指标仍无法超越传统外，其他方面已达到甚至超越了明清时期同类型家具的制作水平。此外，即使是明清时期制作的明式花梨木家具，其品相、品质也是参差不齐，对它应有的价值产生了极大的影响。此涨彼落，从而造成了价值不分"新"与"旧"。

收藏的过程，既是还原历史、回味历史、品位生活、品位文化的过程。同时，收藏也是国家社会经济发展所带来的成果。因此，眼下正是收

清早期 ·黄花梨夹头榫翘头案
长189厘米，宽46.7厘米，高84.8厘米

藏近年生产的高仿明式花梨木家具的最佳时机。由于社会原因，在封建统治时期，花梨木家具曾被统治阶层推到无价（最高）；在"文革"期间，花梨木家具也被推到无价（最低）。现在，花梨木家具的价值正在逐步回归，时代的发展将会把它的价值向上推，至于回升的高度，大家可拭目以待。

上述论述或许并不完善，尚待时间的验证，随着社会的发展，以及对海南花梨木家具的认识和了解，人们方能逐步认同。

喜好古典家具的人，尤其是喜欢花梨木同时也拥有花梨木家具的人，对花梨木家具情有独钟，那种痴迷难以用语言来表达。在外工作劳累了一天，回到家后的第一件事，就是安坐在自己最心爱的花梨木椅子上，伸个懒腰，再轻轻抚摸它，一天的疲劳顿时消失了；有时夜已深，也为它打磨、上蜡，精心地呵护它。在不断把玩它、为它付出的同时，不断发现它的神奇和妙趣，从而更加喜爱它，并从中获得欣慰和满足。

专家答疑

ZHUANJIA DAYI

从哪些方面鉴赏黄花梨家具？海南黄花梨与越南黄花梨如何辨别？黄花梨家具保养有哪些注意事项……本篇将为您一一解答。

❀ 一、从哪些方面鉴赏黄花梨家具？

　　黄花梨作为制作家具最为优良的木材，有着非凡的特性。这种特性表现为不易变形、不易开裂、易于雕刻、易于加工、纹理清晰且有香味等，加之工匠们精湛的技艺，黄花梨家具也就成为古典家具中美的典范了。

　　明代，中国家具艺术出现了飞跃式发展，家具的形式与功能日趋完美统一，明代黄花梨家具注重材质、讲究线条、简约大方，把中国家具艺术带入巅峰。而清代康熙、雍正、乾隆三朝，和明代相比，更加注重装饰的作用，又将清式家具推上另一个高点，与明式家具共同构成了中国古典家具的整体风貌。今天人们所说的中国古典家具，实际上指的就是中国明清家具。元代之前的家具多数取材于杂木，易损

明代 · 黄花梨半桌
长92.3厘米，宽45.5厘米，高85厘米

　　此半桌桌面格角榫攒边打槽平镶面心板。边抹冰盘沿自中上部向下内缩成凹槽，再向下内缩至底压窄平线。抹头可见闷榫。沿边起阳线的壶门牙条浮雕卷草纹，与束腰一木连做，牙条作肩以抱肩榫与腿足结合。腿间安置罗锅枨。方腿内翻马蹄足。制作工艺精湛，包浆色泽如琥珀，保存完好。

难存，传世非常少。在造型、工艺、用材上皆达到让今人都难以企及的水准并可传之万代的，应以明代的黄花梨家具为始。

1. 天然去雕饰的自然美

王世襄先生在《明式家具珍赏》一书中，把明式家具艺术总结为"十六品"，即简练、淳朴、厚拙、凝重、雄伟、圆浑、沉穆、秾华、文绮、妍秀、劲挺、柔婉、空灵、玲珑、典雅、清新。

黄花梨木质坚硬致密，木色从浅黄色到紫赤色，色泽清晰、淡雅，纹理自然清晰且富于变化，木材久置还会散发出淡淡的香气，黄花梨木在明代已经广泛应用于较为考究的家具制作。

明代黄花梨家具给人简洁、雅致的感觉，在制作过程中，工匠一般采用光素首发，即不加雕饰或略作修饰，利用和发挥木材本身的特点，突出黄花梨木色泽、纹理的自然美。黄花梨家具的表面一般不刮泥子、不上漆，做成的小型器件或家具上，经过细致的打磨上蜡，散发出圆润、清晰的光泽，追求"干磨硬亮"的天然效果，给人自然而华贵的美感。

明式黄花梨家具的制作，并不是全部不加修饰，也会运用镂、雕、描、嵌等多种多样的装饰手法，以及螺钿、珐琅、牙、竹、玉石等装饰用材。但在使用上不堆砌、不贪多、不刻意雕琢，而是根据整体要求，作恰如其分的局部装饰。

清早期 · 黄花梨百宝嵌盒
长25厘米，宽15厘米，高9厘米

明代·黄花梨盖牙方形座

边长31厘米，高15厘米

　　用珍贵的黄花梨材制成，台面倭角四方，束腰，镂空抛牙板，四条香蕉腿，下承托泥，材质珍贵，做工精良，造型别致，品相完好，值得珍藏。

2. 含蓄内敛的君子风范

黄花梨木具有温润如玉的质感、温和内敛的色泽、行云流水般的纹理、淡雅的香气，不重外在装饰、雕琢，而讲究内涵的自然表露，在展示高雅、华贵的同时，又传递了温文尔雅的品行。

明末清初是黄花梨家具制作的鼎盛时期，此时期的黄花梨家具品种多且存世量大。如以苏式黄花梨为代表的苏式家具，当时居住在苏州的文人纷纷参与家具和造园艺术的设计制作，与民间的能工巧匠一起，钻研、总结黄花梨的木质、色泽、纹理等特性，将审美与工艺相结合，形成了明代家具"雅致"的品行。

3. 比例合适、严谨简练的造型

严格的比例关系是家具造型的基础。明式家具的造型以及各部比例尺寸，基本与人体各部位的结构特征相适应，造型比例协调、合理，符合人体工程学要求，使用起来非常舒适。其各个部件的线条，均呈挺拔秀丽之势。刚柔相济，线条挺而不僵，柔而不弱，质朴、简练、典雅、大方。

总体结构上采用具有科学性、工艺性、装饰性的榫卯结构进行连接，框架结构非常严谨，分析起来每个部件都有一定的意义，没有多余的部件，整体轮廓简练、舒展，给人文雅、质朴之感。

结构部件综合运用束腰、马蹄、托泥、矮老、牙板、霸王枨、罗锅枨、三弯腿等，形成了黄花梨家具的造型特色。

造型方面具有线脚与块面相结合的特点。线脚造型的装饰手法早在宋代就已出现，但真正将其发挥到极致的是明代家具制作工艺。明代家具具有洗练、简洁的装饰风格，外观清新纯朴、稳重大方。

4. 超凡脱俗的木性

黄花梨的木质十分稳定，内应力小，俗称"性小"，即遇冷遇热，遇湿遇干，抽胀不大，变形率低。可制作多种精细家具的结构部件，如家具结构部件中的三弯腿，细而弯，非常精巧纤细，这是除了黄花梨家具外的硬木家具中很少见的。

此外，黄花梨具有很强的木性，能承受细致入微的雕刻。工匠在进行木材加工时，使用刨刃很薄的刨刀，可使黄花梨木出现类似弹簧一样长长的刨花。

在没有外力破坏的情况下，黄花梨木制成的家具很少出现干裂现象，这也是在明式案几中常用整块素面木材的原因。

明末清初·黄花梨两撞提盒

长34.5厘米，宽22.5厘米，高19厘米

此具提盒两撞，连同盒盖共三层，用长方框造成底座，两侧端设立柱，有站牙抵夹，上安横梁。每层沿口皆起灯草线，意在加厚子口。

❋ 二、黄花梨的包浆是什么？包浆是如何形成的？

想要深入了解"黄花梨包浆"，就要先理解"包浆"的定义。"包浆"其实就是"光泽"，但不是普通的光泽，是专指古物表面的一种光泽。包浆使用的频率很高，常被内行人挂在嘴边，外行人听起来却是一头雾水。

大凡器物，经过长年久月之后，会在表面形成一层自然光泽，就是所谓的"包浆"。可以说，包浆是在时间的磨石上，被岁月的流逝运动慢慢打磨出来的，那层微弱的光面十分含蓄，如果不仔细观察则难以分辨。包浆之光泽，温润含蓄，毫不张扬，给人以淡淡的亲切感，有如古之君子，谦谦和蔼，与其接触，总感觉如沐春风。

黄花梨包浆是在黄花梨木表面经过日积月累岁月气息沉积而成的。黄花梨本身有些油性，年深月久，油质外泄，和空气中的尘土、人们触摸的汗渍互相融合，就形成了"包浆"。

清早期·黄花梨活动躺椅
宽60.5厘米，深98厘米，高107厘米

躺椅选用黄花梨木制成。靠背及座面均采用劈料形式，以防打滑。两侧扶手作曲线形，椅面攒框镶板心，面下罗锅枨上置矮老支撑椅面。椅为活动式，躺入时即可展开，不用时有销可锁定，小憩或读书看报皆很实用，优雅舒适。结构精巧，做工周正，包浆圆润。

✲ 三、海南黄花梨与越南黄花梨如何辨别？

对于如何分辨海南黄花梨与越南黄花梨的方法众说不一，基本上流行的方法就是从香味、颜色、质地、花纹还有木屑泡水颜色等来分辨，下面详细介绍一下这些方法。

1. 香味

海南黄花梨和越南黄花梨的香味可以用"雅"来衡量。海南黄花梨的味道大多是清雅温柔，特别浓的不是特别多；而越南黄花梨的香味却比较激烈。另外，海南黄花梨的香味虽淡雅，但散发香味的时间较长，放在干净的手中把玩的手链，七天后还能闻到隐约的降香味，而越南黄花梨就闻不到什么香味了。

2. 颜色

海南黄花梨整体颜色偏于暗红色，而越南黄花梨的整体颜色偏于亮橙色，海南黄花梨的颜色比越南黄花梨的颜色显得沉稳。海南黄花梨之所以在明代受到文人雅士的喜爱，就是因为海南黄花梨的颜色以及花纹既不喧闹也不会过分沉寂，灵动中透着稳重，高雅中透着轻盈，符合文人雅士的审美观。因此，只要多看看海南黄花梨的各种颜色，再多看看越南黄花梨的各种颜色，基本上就能区分个七八成了。

明代·黄花梨四出头高靠背官帽椅
长59厘米，宽45厘米，高112厘米

3. 质地

越南黄花梨中也有质地优良的，坚重沉水，棕眼十分细密，甚至超过很多海南黄花梨，但质地有如此之好的只占小部分，而海南黄花梨质地好的占大多数。因此，单纯分辨其木质，并不能很好地区分它们。

4. 花纹

海南黄花梨的花纹是组成其"雅"的一部分，纹理毫无规律可言，但却不凌乱，墨线色黑纯且清晰，反差较小，花纹行云流水的感觉给人一种流动的美感。越南黄花梨花纹相对多了些粗犷，墨线黑晕稍多，山水纹比较常见，反差相对较大，给人一种鲜艳亮丽的感觉。

5. 荧光

从整体上来说，海南黄花梨的荧光感比越南黄花梨的强一些。若要从个体上来说，比较一块海南黄花梨的木头和一块越南黄花梨的木头哪一个荧光感强，显然是没有意义的。好的越南料仍旧可以在这一点上，把一部分海南料比下去。显然，这对我们的买家来说无异于误导了。

6. 木屑泡水

海南黄花梨和越南黄花梨木屑泡水的颜色基本上都较淡，类似刚泡的花茶颜色。泡水的颜色有深有浅，所以只根据颜色深浅，是不易准确分辨它们的。

所以说，比较海南黄花梨和越南黄花梨，最好的办法就是多闻、多看、多上手，没有一定的经验积累，想要准确区分它们是非常困难的。

❀ 四、黄花梨家具保养有哪些注意事项？

黄花梨家具之所以会遭受毁坏，除了无意识或有意识地人为破坏外，还有一个重要的因素，即缺乏必要的保护措施。由于家具的年份较为悠久，但又不同于其他艺术品，它是在使用中传世的，不可能作为一种纯观赏器而放置，因此，保养工作就至关重要。要对家具进行养护，需要注意以下几点。

1. 保持表面清洁

家具在使用的过程中是完全暴露在外的，容易沾染灰尘，特别是雕刻部分，更易积灰，而灰尘中带有种种杂物及氧化物，要及时清除掉，否则就会致使家具的表面受到侵蚀。清除尘埃可用柔软的巾布或鸡毛掸，以不损伤家具为原则。

清代·黄花梨围棋盒（一对）

2. 避免创伤

无论是硬木家具还是软木家具，毕竟都是木质的，都易造成各种创伤。因此，我们在收藏中，应当尽量避免碰击与撞击，尤其是金属器具的碰撞。至于硬木家具的透雕花板，更应留心保护。

清代·黄花梨药箱
长34厘米，宽23.8厘米，高31厘米

3.忌拖拉搬动

有的家具较重较大，通常来说以少搬动为最佳，当需要搬动的时候，一定要抬起来搬，不可为了贪图方便，拖拉搬动。拖拉极易造成榫头结构松动，从而导致家具散架。

4.防干、防湿

潮湿和干燥是家具保护的大敌。家具主要是由木质纤维材料制成的，属于吸湿性物质，对湿、干最为敏感。木纤维中通常都含有水分，其含水量通常为本身重量的12% ～ 15%。如果空气的湿度过低，木材的含水量不足，家具就会变形翘曲，干裂发脆，缝隙扩大、增多，榫结构松动，强度降低。但是，如果空气的湿度过高，木材就会膨胀。而木材膨胀时，方向不同，就会使家具产生扭曲变形。另外，湿度过高，适宜害虫及霉菌的生长繁殖，使家具极易生虫、发霉、腐朽。因此，要保护家具，就要将家具放置在湿度适中的环境中。

根据古代家具的材料特性，应将空气的相对湿度掌握在

明代·黄花梨顶箱柜（一对）
长145厘米，宽65厘米，高276厘米

50% ～ 65%，要控制其升降幅度，可以采取下列措施。

（1）防干燥

室内环境若过于干燥，可多放置一些多叶盆栽植物，如花卉盆景等，也可安放盛有清水的器皿，通过增加水分蒸发的方法来提高空气湿度。

地面要勤洒水。但仅限于泥地、水泥、砖石地面。不吸水的地面不宜采用这一方法。

为了防止日光直射，减缓室内的水分蒸发，门窗上要装置竹帘。

（2）防潮湿

室内潮湿通常与建筑不善有关。如地面、墙脚的渗水、返潮、生苔，以及墙面开裂、门窗不严、屋顶渗漏等，都会引起室内潮湿。因此，对于陈放家具的建筑，应当经常检修屋面、天沟、水落、泛水、墙面以及四周的排水系统。另外，如果地面时常潮湿的话，可加补防水层；墙壁潮湿可以加护墙板，也可以在内墙面刷防水胶或防潮水泥，再贴裱塑料糊墙纸或涂油漆。

有条件的地方，可以在室内安装空调设备，以将室内气温与相对湿度恒定于标准范围内。

家具的腿脚最容易受潮腐朽，因此，可在腿脚下安置硬木桌塞（垫块），以避免潮气直升向家具腿木。

平时要注意掌握室外气候规律，利用自然通风去潮。一般而言，符合下列情况之一时就可以将门窗打开，通过自然通风来降低室内湿度：室外温、湿度都比室内低；室外的湿度比室内低；内外的相对湿度相等；室外的相对湿度比室内低；内外的温度相等。如果与上述要求的气候条件不符，就要关闭门窗或加上窗帘，以减缓空气对流及日光辐射。

清代·黄花梨有束腰马蹄腿半桌
长95厘米，宽47厘米，高86厘米

清代·黄花梨凉榻

长180厘米，宽71.3厘米，高84.3厘米

　　此件凉榻为黄花梨材质，正面与侧面围子用短材攒接成"卍"字图案。床座为标准格角攒边，四框内缘踩边打眼造软屉。边抹冰盘沿上舒下敛至底边缘起线。束腰与直牙条格肩接合方材直腿足，牙子沿边踩倭角线延续边接至腿足一气呵成。方材直腿内翻马蹄足。

　　对于空间较小的室内，可以采用吸湿剂来降低湿度。常用的吸湿剂有木灰、生石灰等。每千克生石灰的吸水量为0.6千克，当它吸潮化为粉末后，要及时进行更换，以免水分蒸发和粉末飞扬。每千克木炭的吸水量为0.03千克，其吸湿性比生石灰要差，但晒干之后仍可重复使用，较为经济。要计算吸湿剂的用量，可按下述公式：

　　吸湿剂用量＝被吸湿的空间容积 × 当时的绝对湿度 ÷ 每千克吸湿剂的吸水量

　　（注：绝对湿度＝相对湿度 × 同温下1立方米空气含水蒸气的饱和量）

　　至于相对湿度，可以通过各种测量仪器直接读知。

　　未上漆的家具表面可涂擦动、植物天然蜡或四川白蜡（俗称硬蜡，是一种昆虫分泌出的蜡质），以缩小家具吸湿面积，阻止液态、气态水分从家具的表面直接渗入木料之中，从而将木材各个方面的膨胀系

清中期·黄花梨带托泥方形火盆架
长46厘米，宽20厘米，高20厘米

数保持在一个相对稳定的状态。与此同时，涂蜡还能使古代家具光亮美观、光滑耐磨及易于除尘。但需要注意的是，不要在家具底面、背面等较隐蔽的地方涂擦硬蜡，否则不利于木料自然"呼吸"。

5. 防光晒

经过现代科学研究证实，光线对家具有损害作用。光线中的红外线会致使家具表面升温，使其湿度下降，从而产生脆裂和翘曲。而紫外线的危害则更大，不但会使家具褪色，还会降低木纤维的机械强度。光照对木纤维的破坏是循序渐进的，即使在夜间，这种破坏过程仍会持续进行。为了避免光线对家具的损害，可采取下列措施。

安装遮阳板、百叶窗、竹帘、布帘、凉棚等，以防光线直射室内。

在玻璃窗外涂上红、白、绿、黄色油漆，或加设木板窗，以降低直射光的强度。

选择厚度超过3毫米的门窗玻璃。玻璃越厚，吸收的紫外光越多。另外，也可选用花纹玻璃、毛玻璃或含氧化钴和氧化锌的玻璃。这些玻璃具有很好的防紫外线辐射功能。

家具陈设的照灯应当选用无紫外线灯具。通常来说，钨丝灯的紫外线要少于荧光灯。紫外光含量大的照明灯具，在使用的时候，可以加上紫外线过滤片（玻璃片或树脂片均可），也可以用紫外线吸收剂将有害的部分过滤掉。

6.防火

木料家具极易被烧毁。因此，在陈放家具的场所，应当有严格的防火措施：

制定各项防火制度。例如，陈放场所不得吸烟，不能有生活和生产用火；禁止存放木料、柴草等可燃、易燃物品；严禁将液化石油气、煤气等引入室内；安装电灯及其他电气设备时，必须符合安全技术规程等。

配置灭火器、防火水缸、防火沙箱等消防器材和水源设施，若有条件，可安装烟火报警器；掌握消防常识，熟悉消防器材的使用方法和存放地点；定期检查消防设备。

陈放家具的室外通道必须保持畅通，一旦发生火警，有利于抢救和灭火。

民国·黄花梨交椅
长68.5厘米，高102厘米

交椅是明式家具中较早出现的品种。此交椅由黄花梨制成，圈背式。交椅扶手五接，接处各以黄铜饰件加固，两端出头回转收尾。靠背板上端与搭脑正中相接，两侧带曲型窄角牙，上方雕一朝面双龙如意云纹。交椅的支腿接于扶手后部，扶手与鹅脖间及弯腿处有小角牙，下接横枨，带可依轴转动的脚踏，后腿上接前座横枨，下接赶脚枨，木材相接及腿足交处皆有铜活或以铆钉加固。此交椅造型优美，保存完好。

7. 及时修理

家具在使用过程中，若不慎发生损坏，或是部件掉落时，要及时进行维修。如果遇到较大的损坏，就要请专门的修理作坊进行修理。在胶合部件时，要选用骨胶，忌用白胶，否则会留下后遗症。

8. 定期上蜡

蜡能起到保护家具的作用，因此，古典木家具一定要定期上蜡。旧时曾有用胡桃肉揩擦红木家具的方法，这种方法较为原始，也极为不便，现在可用"碧丽珠"家具护理喷蜡揩擦，它使用简便，既能去污，又能上蜡保护。

清代·黄花梨二人凳
长114厘米，宽54厘米，高91.5厘米

　　此二人椅选黄花梨为材。左右扶手、靠背攒接拐子纹，背板中间上部圆形开光光素无雕饰，下部透雕卷草纹，座面格角榫攒框落堂镶板，边抹冰盘沿自中上部向下内缩成凹槽再向下内缩至底压窄平线。下承打洼束腰。鼓腿膨牙无雕饰。内翻马蹄足。此凳为苏作家具代表，保存完好。

9. 防蛀防虫

木材容易被虫蛀咬，虫害多为各种白蚁和蛀木虫。家具收藏爱好者可以采用置放樟脑等化学防蛀法。中国古代使用的传统防虫药物有多种，如秦椒、蜀椒、胡椒、百部草、芸草、莽草、苦楝子等植物和雄黄、白矾等矿物，收藏者可借鉴使用。

流传至今的明清家具，大致有三种保存状况，即无须修复、已经修复和尚待修复。其中多数处于第三种保存状况。这部分家具大都有不同程度的损坏，如构件残缺、榫结构松动、局部腐朽等。

为了最大限度地保存古代家具的文物价值，在进行修复时，应当严格掌握"按原样修复"的原则。具体而言，就是必须按照古代家具原有的制作手法、形制特征、材料质地和构造特点来进行修复，不得随意添加、拆改，不得改变原物的面貌及完整性。在修复之前，要仔

清晚期·黄花梨瘿木面下卷琴桌
长126厘米，宽39.5厘米，高84厘米
琴桌以黄花梨为材，桌面攒框镶瘿木板，呈卷书案形式，牙板采用攒拐子的方式，下卷柔软有度，卷书状末端各雕刻两朵灵芝。腿足间置两根横枨，枨间设券口牙子。

细地观察和推敲，制订具体详细的修复计划，然后再动手操作。在修复过程中，切忌使用铁钉，更不可在榫结构内使用高分子化学黏合材料，以防破坏古家具易于拆修的传统特点。

传世的家具中，完好无损的极少，大都是经过修复后的实物。因此，鉴定家具的修复质量，是确定家具价值的重要手段。家具修复的标准包括"修旧如旧"和"按原样修复"。要达到这一标准，一定要采用原有材种、传统辅助材料和传统的工艺，再加上过硬的操作技术。要对家具的修复质量进行鉴定，首先可看原部件和原结构的恢复情况。凡是形式、结构、材种、风格和做工与原物保持一致的，都可视为高质量的修复。而那些在修复中已"焕然一新""脱胎换骨"以及做工粗糙，依靠嵌缝、上色的，原物价值都会受损，属于修复失败之品。其次，要检查修复中是否采用了竹钉、竹销、硬木销、动物胶等传统辅助材料，是否被化学黏合剂、铁钉等现代材料所取代。采用传统的辅助材料，能够最大化地保持家具易于修复的特点，从而保护珍贵的传世家具。

除大量经过修复的家具之外，传世的家具中，还有一部分是从未修复过的。这部分家具中只有少量是完好无损的，大部分都有这样或那样的缺陷，如松动、缺件、散架、豁裂、折断、腐朽、变形等。因此，要判定家具保存是否良好，主要是看其结构是否遭到了破坏，破坏的程度如何，零部件是否有丢损，丢损了多少。那些构件基本完整、原结构未遭到破坏，仅是散架或是松动的家具，仍可算作是保存完好的。而那些由于变形、折断、缺件、豁裂和腐朽，必须更换构件的家具，无法保持完整的原物价值。其价值的高低，主要取决于修复后主体结构的保存情况。

明代·黄花梨六柱龙纹架子床
长218厘米，宽148厘米，高227厘米

✿ 五、黄花梨制品保养中有哪些禁忌？

不要将钥匙等硬物混放在黄花梨制品面上，更不要在上面堆压重物，以免造成黄花梨变形、扭曲。

不要随便用水冲洗或用湿布擦拭黄花梨制品，避免用带有化学试剂的物品涂抹黄花梨制品。更不能用酒精、碱水等具有腐蚀性的化学品擦拭黄花梨，以免损毁、破坏木材的纤维。

切不可使用所谓的"御守盐"等物质清洗黄花梨。"御守盐"实质上是粗海盐，用它来浸泡"净化"黄花梨，非但起不到养护黄花梨的作用，反而会极大地损伤黄花梨的木质，造成木质变色、变粗及开裂。

明代·黄花梨方角柜
长96厘米，宽44厘米，高160厘米

　　黄花梨堪称"木中黄金"，其价值甚至远远高于黄金。因此，无论是对于海南黄花梨的玩家、使用者，还是收藏爱好者而言，海南黄花梨的保养是非常重要的。只有对海南黄花梨制品进行细心保养，才能使其更加经久耐用，才更具有收藏价值和欣赏价值。

　　要对海南黄花梨进行保养，需要注意以下几个方面。

　　防晒。海南黄花梨要避免被阳光直射，以免导致木材变形、龟裂和酥脆。

　　防燥。防止由于过度干燥导致的干裂变形。

　　防潮。避免由于过度潮湿而造成的木材膨胀。若不小心洒到水，要及时吹干。

　　防火。海南黄花梨的含油量较高，制成的各种物品都属于易燃物，故需严格防火。

　　防虫。木质品时常会遇到鼠咬和虫蛀的情况，黄花梨制品通常较为贵重，故在这方面需要特别注意。

清早期·黄花梨围棋盒（一对）
高13厘米，直径9厘米

　　围棋盒以黄花梨整挖琢成，敛口、鼓腹、平底，有上盖。通体光素无纹，凸显出黄花梨质地纹理。久经辗转摩玩，器身形成浓郁饱满的包浆，入手圆润，有淡雅清逸之趣，生意盎然。

六、黄花梨家具会贬值吗？

中国硬木家具在前些年的发展，可以用"飞速"来形容，势如燎原之火随风蔓延，风头之上自然是黄花梨家具。20世纪初黄花梨家具料才几十元一斤，如今发展到上万元一斤，家具废料都上千元一斤，这种势头让小叶紫檀望尘莫及。

近些年，各大拍卖公司春拍黄花梨古家具成交价格总体有一些滑落，让历年来持续上挑的曲线转而下行。很多人不禁开始担心：黄花梨家具的收藏价值是不是开始打折？是不是会随着经济危机的深入而继续贬值？

纵观历史，明代黄花梨家具料到清中期几乎绝迹，后来用海南黄花梨替代；民国时，海南黄花梨匮乏，出现老花梨；20世纪末开始，黄花梨转用老挝、越南高山密林中的黄檀属香枝木，这是清末民国运输能力落后留下的"漏"。今天，我们的能力可上九天揽月，可下海底取针，不会再有多少黄花梨能遗落了。从资源匮乏的角度来说，黄花梨家具只会越来越贵，现在黄花梨市场原材价格有增无跌就是很好的说明。

那黄花梨古家具为什么会出现价格滑落？目前，中国90%以上的黄花梨古家具都属于作旧，其中很大一部分已通过专家和权威机构评定得到了合法身份，也就是说，黄花梨古家具的市场充满了欺骗，受骗的正是对黄花梨家具不甚了解的外行藏家，而经济危机波及的对象也恰恰是这些不独立思考，只听专家话买藏品的人。

研究古家具其实就是研究历史，历史的规律如同一张清晰的报表，它会清楚地告诉你黄花梨家具在以后漫长的岁月里是中国文化元素的倡导者。黄花梨家具不仅不会随着经济危机而贬值，反而会是经济危机下出现最频繁的明星。

明代·黄花梨顶箱柜

长89.5厘米，宽47厘米，高163厘米

　　整器分上下两部分，上端高柜与下端立柜皆以铜合页及面页相连，开合自如，工艺精准。直腿间置光素刀子形牙板，余则全无雕饰，使观者的目光自然聚焦于黄花梨天然纹理之上。

"从新手到行家"系列丛书

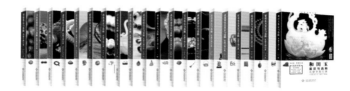

《和田玉鉴定与选购
从新手到行家》

定价：49.00 元

《南红玛瑙鉴定与选购
从新手到行家》

定价：49.00 元

《翡翠鉴定与选购
从新手到行家》

定价：49.00 元

《黄花梨家具鉴定与选购
从新手到行家》

定价：49.00 元

《奇石鉴定与选购
从新手到行家》

定价：49.00 元

《琥珀蜜蜡鉴定与选购
从新手到行家》

定价：49.00 元

《碧玺鉴定与选购
从新手到行家》

定价：49.00 元

《紫檀家具鉴定与选购
从新手到行家》

定价：49.00 元

《菩提鉴定与选购
从新手到行家》

定价：49.00 元

《文玩核桃鉴定与选购
从新手到行家》

定价：49.00 元

《绿松石鉴定与选购
从新手到行家》

定价：49.00 元

《白玉鉴定与选购
从新手到行家》

定价：49.00 元

《珍珠鉴定与选购
从新手到行家》

定价：49.00 元

《欧泊鉴定与选购
从新手到行家》

定价：49.00 元

《红木家具鉴定与选购
从新手到行家》

定价：49.00 元

《宝石鉴定与选购
从新手到行家》

定价：49.00 元

《手串鉴定与选购
从新手到行家》

定价：49.00 元

《蓝珀鉴定与选购
从新手到行家》

定价：49.00 元

《沉香鉴定与选购
从新手到行家》

定价：49.00 元

《紫砂壶鉴定与选购
从新手到行家》

定价：49.00 元

图书在版编目（CIP）数据

黄花梨家具鉴定与选购从新手到行家 ／ 关毅著 .
—— 北京 ： 文化发展出版社，2017.4
ISBN 978-7-5142-1619-6

Ⅰ．①黄… Ⅱ．①关… Ⅲ．①降香黄檀-木家具-鉴定-中国
②降香黄檀-木家具-选购-中国 Ⅳ．① TS666.2 ② F768.5

中国版本图书馆 CIP 数据核字 (2017) 第 008637 号

黄花梨家具鉴定与选购从新手到行家

著　者：关　毅
责任编辑：冯小伟
责任校对：郭　平
责任印制：杨　骏
责任设计：侯　铮
排版设计：金　萍

出版发行：文化发展出版社（北京市翠微路 2 号 邮编：100036）
网　　址：www.wenhuafazhan.com
经　　销：各地新华书店
印　　刷：天津市豪迈印务有限公司
开　　本：889mm×1194mm 1/32
字　　数：150 千字
印　　张：6
印　　次：2017 年 6 月第 1 版　2018 年 3 月第 2 次印刷
定　　价：49.00 元
Ｉ Ｓ Ｂ Ｎ：978-7-5142-1619-6

◆ 如发现任何质量问题请与我社发行部联系。发行部电话：010-88275710